清单思维

[美] 葆拉·里佐——著

（Paula Rizzo）

张慕伦——译

LISTFUL
THINKING

中国友谊出版公司

图书在版编目（CIP）数据

清单思维 /（美）葆拉·里佐著；张慕伦译 . -- 北京：中国友谊出版公司，2023.4

ISBN 978-7-5057-5616-8

Ⅰ . ①清… Ⅱ . ①葆… ②张… Ⅲ . ①思维方法 Ⅳ . ① B804

中国国家版本馆 CIP 数据核字 (2023) 第 039987 号

著作权合同登记号　图字：01-2023-1064

书名	清单思维
作者	[美] 葆拉·里佐
译者	张慕伦
出版	中国友谊出版公司
发行	中国友谊出版公司
经销	新华书店
印刷	天津中印联印务有限公司
规格	880×1230 毫米　32 开
	6 印张　117 千字
版次	2023 年 4 月第 1 版
印次	2023 年 4 月第 1 次印刷
书号	ISBN 978-7-5057-5616-8
定价	42.00 元
地址	北京市朝阳区西坝河南里 17 号楼
邮编	100028
电话	(010) 64678009

倾情推荐

"列出一张清单，然后将清单上的任务划掉，是一件令人愉悦的事情。《清单思维》全面介绍了工作、生活、游玩清单，让你可以更加从容地享受生活。"

——朱莉·摩根斯特恩

工作效能专家，《纽约时报》（*The New York Times*）畅销书《由内到外的时间管理》（*Time Management from the Inside Out*）以及《由内到外的统筹管理》（*Organizing from the Inside Out*）作者

"对于喜欢列清单的人来说，我们非常迫切地需要《清单思维》这么优秀的书来答疑解惑。这本书不仅实用、有趣、发人深省，还能激励读者亲自体验列清单的好处——事半功倍，妙趣横生。"

——格蕾琴·鲁宾

《纽约时报》畅销书榜第一名《幸福计划》（*The Happiness Project*）作者

"葆拉·里佐为'比你更忙碌的社会'提供了一剂良药，即通过全面、实用的建议阐明了如何让待办清单发挥真正的作用。书中通俗易懂、切实可行的方法帮助我们更好地处理工作，不再

为处理工作而感到焦虑。这是每个清单爱好者的必读之书。"

——玛丽·卡罗马尼奥

作家，演讲家，orderperiod.com 网站创始人

"列清单让我的生活焕然一新。作为葆拉·里佐的博客'清单制作人'的忠实粉丝，我会在日常生活和工作中一直践行《清单思维》的理念。"

——里达·约瑟夫

《闺蜜万岁》（*Girlfriends Are Lifesavers*）作者

谨以此书献给我的母亲，

是她教会我发现力所能及的幸福，

孜孜不倦地追求心中的梦想——

无论我要为此写下多少清单。

序

　　不是所有人都能像葆拉·里佐一样擅长统筹安排，我自然也不属于在这方面天赋异禀的那一类。说出来你可能不信，我的初恋并不美好，可以说是混沌不堪。我喜欢创新，热衷于戏剧的不可预见性和内在自发性，是一个习惯右脑思考的人。我曾经当过演员，也跳过舞，还做过导演。那时，我一直都很羡慕那些能身兼数职的人，但很可惜我并不是那样的人。

　　杂乱无章的状态让我长期倍感压力。无论我在做什么，总是担心自己遗漏了什么事情，脑海中一直有根弦紧绷着，提醒自己要记得还有哪些事情要处理。这就导致我永远无法全身心地享受当下。于是我心里不断有一个声音出现，那就是"有一天我一定要让我的生活变得井然有序"。但事实是，越想井然有序，我却越不安。

　　我害怕变得井井有条之后我的创造力会被遏制，也会让我变得不再像以前那样幽默和率真。我渴望提高效率，做事条理清晰，但我不想变成一个枯燥无趣的人。后来我终于突破了这个瓶颈。

　　自从我的女儿杰茜出生后，我的生活就彻底改变了。有一天，我本想带她出门散步，但是当我收拾好宝妈包的时候，她又睡着了。我就这么错过了第一次带她外出散步的机会。那一刻我意识到，为了孩子，我必须打起精神改变现状。如果只是自己的生活有些混乱，我还可以接受，毕竟只有我会受到影响，但是现在有了这个小家伙，我得对她的生活负责。

于是，我决定，就算以削弱创造力为代价，也要让生活变得井然有序。我开始将宝妈包需要带的东西一一列在清单上，这样无论什么时候要出门，我都能很快判断出是否落下了东西，并且有针对性地进行补给。我再也不想我的孩子因为我的手忙脚乱而错失人生中的任何机会。"宝妈包清单"是我尝试的第一步，感觉效果不错，之后我就开始将清单用于生活中的其他方面。首先我创建了一个清单，涵盖了生活中所有我想要重新梳理的方面，然后按部就班地对这些方面逐个进行梳理。而当我的生活秩序变得井井有条的时候，一件有趣的事情发生了。

不仅我的创造力没有减弱，我做起事来反而更加舒适自在，进入了一种清晰、自信、专注的极佳状态。一切都井然有序，尽在我的掌控之中。我所有的想法都储存在一个地方，让我可以切实践行这些想法。我所要做的仅仅是动动手指将它们记录下来，而且这种成就感也能让我更有创作灵感，更好地运筹帷幄。

从那之后，我便同时拥有了统筹和创新能力。于是，我开始帮助那些像几年前的我一样抵触一板一眼做事的人。我非常理解一想到要列待办清单就不知所措的感觉。但是你不要害怕，想要掌控自己的人生，列清单是一个很好的开始。当你把所有想法记录下来的时候，你就可以自由地去做选择，把关注点放在最重要的事情上，而不是随便被一些无关紧要的事情分散注意力。

以下是关于列清单的几个优点：

- 减少你对于可能会忘记一些事情的焦虑和担心。
- 让你更注重"做"而不是"记"。
- 让你专注在重要的事情上（免受琐事烦扰）。
- 让你更简单地进行人员安排（可以把清单上的某些事情交给愿意帮忙的人来做）。
- 当你完成任务，从清单上把它们划掉的时候，你会更有成就感。
- 让生活的主要职能自动化运转——让你的生活更加轻松！

作为一个经历过从杂乱无章到条理清晰的过来人，我可以负责任地说，这种转变真的太美好了。当我和葆拉见面时，我们会抱怨整理书架有多么麻烦，也会惊叹于从待办清单上划掉任务时那种妙不可言的感觉。

但是，葆拉和我也有不同之处。她总是一想到有什么要做的事情，就会立刻记录在笔记本上，而且她一直坚持按照字母顺序整理账单。那正是列清单的美妙之处。任何人——无论你是一个注重效率、比较理性的人，还是一个更习惯右脑思考、喜欢创新、比较感性的人，都会因为养成列清单这个习惯获益匪浅。

虽然我们每个人都是不同的，但我致力于帮助大家利用正确的工具让自己保持井然有序的状态。而葆拉的《清单思维》恰恰做到了这一点。真正学会使用让自己受益的待办清单是最值得掌握的统筹能力之一。

尽管我在助人改善生活秩序方面获得"女王"的称号，但我仍然还有不足之处。我在面对新的挑战和项目时，或者当工作量不断加大而感觉喘不过气时，还是会有一段时间觉得生活好比一团乱麻，但总有一个清单可以帮我理清所有事情，让生活回归正轨。在提高生产力、提升工作效率、迈向成功方面总有一些东西值得学习，感谢葆拉·里佐的《清单思维》，为我们的学习指明了方向。

从小事做起——只需一张清单就能开启你的解脱之旅。

朱莉·摩根斯特恩

引言　我的清单人生

大家好，我是葆拉·里佐，我有"清单上瘾症"（glazomania）。根据单词释义查询网站 Dictionary.com 的解释，这个词的意思是"非常喜欢列清单"；而网站 Encyclo.co.uk 给出的解释是"对于列清单有非同一般的痴迷"。没错，我就是一个"清单控"。

和普通人相比，我的压力一定比他们小一些，而这就要归功于我列的清单了。诚然，看着一纸清单而想要清空所有的任务，还是会有一些焦虑，但对此我有自己的方法和技巧。作为一个在纽约工作、需要严格把控截止日期、得过艾美奖的电视制片人，我的成功很大程度上要归功于我列的清单。清单能帮我做很多事，比如提升工作效率、做旅行结婚的规划，还能帮我找到心仪的公寓，等等。

对于任何事，我都喜欢列清单。

√ 要做的事情

√ 要去的地方

√ 故事构思

√ 要尝试的应用程序

✓ 我喜欢的餐厅

✓ 要读的书

✓ 要规划的活动

诸如此类的清单还有很多。我甚至在面对一些有点尴尬的情况时也会列清单，比如在需要买文胸或者逗别人笑的时候。我发现，当我尽可能为生活中的各种情形做好准备时，就更容易提升办事效率。我知道不是每一个人都像我一样那么爱列清单和做一些研究，但我认为或许你也可以成为这样的人。这就是我写这本书的目的——帮你减轻压力，让你的生活回归有条不紊。

感到不堪重负

我一直都是个害怕改变的人。小学的时候，我讨厌换新的老师，或者换新的座位，因为我已经熟悉了原来的老师和座位，对他们有感情了。所以，当我的丈夫杰伊说想要搬离我们在皇后区福利斯特希尔斯的家，去曼哈顿定居的时候，我还是像小时候一样产生了抵触情绪，用沉默拒绝了这个提议。因为我在想："我们为什么要租一个新的房子？现在这个就很好啊！"改变让我感到害怕，因为有太多的未知因素，我很难克服这种对未知的恐惧。

上东区、中城东区、苏豪区、金融区、东村、格拉莫西——曼哈顿有太多的住宅区，但我们的时间却很有限。所以，我们从中勾选出符合预算范围内的所有区域。但是回到福利斯特希尔斯下了火车后，当我走在回公寓的路上，我已经忘记之前看过的房子里有几个衣柜，是否有空调，以及房子位于几层。人们想要租房的时候，看到的房源信息有时并不全面，没有屋内图片，也很少有户型图。通常来说，我的注意力和专注力还是不错的，但是不知道为什么，看房这件事却让我很崩溃。我感到震惊和不解，直到我发现了问题所在。

清单让生活更轻松

我没有使用已经屡试不爽的方法来找房子——列清单！在多次看房无功而返后，我决定要像在工作中列清单那样，列一个关于看房子的清单。作为一个在纽约工作的电视和网络制片人，我在演播厅和实地外景制作与健康相关的节目。也就是说，我要构思节目内容、进行采访、邀请嘉宾、安排主持人和确定节目时长等等。我意识到，如果找房子的时候能用上那些帮我在工作中取得成功的工具和技巧，找到心仪的住所就不成问题。

当我制作节目片段时，我会使用清单、备忘录、明细表来让自己更好地保持头脑清晰。因此我做了一个备忘录，涵盖了所有我看房子时需要注意的事项：地址，楼层，视野，铺的是木地板还是地毯，衣柜数量，房屋面积，卧室和洗手间的数量，是否有洗碗机、洗衣机、保安，等等。我们每次去看房的时候都会带上这个列表，然后在详细查看房内情况的时候会根据这个列表进行相应的询问。这样我们就能将注意力完全放在需要确认的事情上，在看完房之后得到所有需要的信息，进而做出一个明确的决定。

像制作人一样去思考

就像我在工作中用到的拍摄表格一样，这个备忘录使我能够集中注意力，并且准确地知道将会获得什么样的结果。如果我要出外景去拍一些制作视频需要的素材，一定会带上一个清单，上面列出所有我需要问的问题，以及需要拍摄哪些镜头。

在拍摄的前一天，我会坐在桌前，在脑海中把整个采访过一遍。每个环节具体做什么都要仔细地想一遍。例如，我会先采访医生，然后获取医生为患者诊治的视频，最后采访患者。我会想好拍摄主题，然后将所有需要问医生和患者的问题列在清单上，这样就能确保我没有任何遗漏。

无论每次有多少拍摄任务要负责，我都会像这样提前做好额外的准备工作。因为现场什么事都有可能发生，而处理这些突发状况可能会让我付出很大的代价。在电视台工作，最怕的事就是回到台里才发现没有拍摄关键素材。当然，这个问题可以靠后期剪辑来弥补，但是如果没有医生进行手术的重要步骤的镜头，该采访就是一个失败的案例。

有时在拍摄期间，事情并不会完全按照既定的安排去发展：比如有患者来就诊，或者突发急诊，医生就只能中断采访，先去工作。但是有了检查清单，我就能明确地知道拍摄进行到哪一步了，以及还有哪些事情需要在我离开前完成。

有了看房清单，我就能在回家后把它们放在一起，便于杰伊和我统一对比哪个房子更好。这个方法帮我们在东村找到了一个绝佳的公寓，我们愉快地在那里住了四年。

我创建了 ListProducer.com 网站

在我们搬家后一个月，有一个朋友也开始找新的住所。她跟我说找房子的时候感觉没有头绪，非常苦恼，所以想要我之前用过的看房清单。我把清单给她之后，她就离开了。这个清单最终也帮她找到了完美的住所。一个房地产中介看到这个清单后也复印了一份。因为他觉得这是个值得推荐给客户的好方法，便于他的客户在看房时保持专注，也可以更有针对性地提问题。我的朋友后来找到我说："我觉得你很擅长使用清单，你知道它们的价值所在。"

2011 年 4 月，我创建了 ListProducer.com 网站。这是一个关注效率的网站，我在网站上分享了我列过的清单以及其他有利于提升效率的方法，同时还有从各个领域的专家那里学习到的理念。我称之为清单思维。我们在生活中各个方面，以及几乎任何情况下，都可以用到清单思维。我创建这个网站的目的就是想帮助大家在做任何事情的时候都能变得更有效率，富有成效，而且可以轻装上阵。

清单思维

这本书会在以下这些方面给予你帮助：

- ✓ 让你的工作和生活效率更高、富有成效。

- ✓ 为你提供一些新的策略，并且改掉列清单时的坏习惯。

- ✓ 帮你节省出时间做自己真正想做的事情。

- ✓ 指导你学会借助外力，从而不用凡事都亲力亲为。

- ✓ 介绍一些助你保持高效的应用程序、公共服务和网站。

- ✓ 教你如何送出更好的礼物、举办更棒的聚会，并且有更多的时间更好地享受聚会。

- ✓ 为你减轻压力。

设定目标

这很重要。相信看完书之后你会有豁然开朗的感觉。但首先要给你布置一个任务：列一个清单，写下你想通过这本书学到的三件事。你的目标可以是我上面列出的任何一项，或者另有其他，比如"变得更加井井有条"。这完全由你做主。我会通过逐章讲解指导你借助不同的清单来实现目标。

一点额外的帮助

我希望这本书能让你行动起来，完成更多的事情。但是我知道大家有时候主观能动性没有那么强，所以我想助大家一臂之力。我设计了一个工具包来评估你在哪些方面可以多多使用清单，以及它们如何能更好地为你服务。工具包里面会有一些有意思的东西帮你保持专注，达成目标。欢迎登录网站免费下载。网址：https://listproducer.com/ListfulThinkingGuide/。

目　录

CONTENTS

你是否想和成功人士一样把生活中的琐碎事项处理得井井有
条？你们之间只差一份清单。清单带来的益处远超出你的想象，
从这里开启你的清单思维吧。

做出选择、规划旅行、展望未来……清单贯穿着我们整个人
生。多去探索清单的用途，你会发现它不仅让生活中的很多问题
完美地得到解决，还能让你发掘快乐与幸福，找寻到生活的真谛。

都成为"社交天才"。社交清单也能帮你策划好人生中每一场重要的活动，记录每一次难忘的旅程，不留任何遗憾。

第 7 章

学会外包任务：不必万事亲力亲为，让他人助你一臂之力 / 111

学着像汤姆·索耶一样将你能做但不是必须要亲自做的事情外包出去，适当给自己的掌控欲"做减法"。腾出时间，享受属于你的空闲时光，去做你更擅长、更热爱的事情吧！

第 8 章

利用智能设备：跟紧时代步伐，玩转新奇有趣的清单工具 / 127

随着科技的发展，辅助我们列清单的工具越来越多。看看这些有趣的应用程序和平台能给你提供怎样的灵感吧。保持耐心，尽管去尝试，总有一款适合你！

第 *1* 章

清单思维大有裨益：告别压力和焦虑，探索有条不紊的秘诀

你是否想和成功人士一样把生活中的琐碎事项处理得井井有条？你们之间只差一份清单。清单带来的益处远超出你的想象，从这里开启你的清单思维吧。

知道麦当娜、玛莎·斯图尔特、理查德·布兰森、约翰·列侬、艾伦·德杰尼勒斯、本·富兰克林、罗纳德·李根、列奥纳多·达·芬奇、托马斯·爱迪生、约翰尼·卡什有什么共同点吗？他们每个人都是清单爱好者。这些成功人士同许多 CEO 和工作繁忙的企业家一样都喜欢利用清单来随时记录他们的想法、观点及工作。

职场社交网站"领英"最近发布的一项调查显示，63% 的专业人士会经常创建待办清单。至于他们是否能正确使用那些清单，在此暂不赘述。事实上，这份调查还显示，在创建清单的人当中，只有 11% 的人在规定的一周内完成了清单上列出的所有事项。（调查来源：http://linkd.in/1wIXxe8）

清单让生活回归有条不紊

世上有一些东西，我们似乎从不嫌多，而时间就是其中之一。我们在工作、家庭和社交生活中，总有不计其数的事要做。每天能有足够的时间完成所有待办事项已实属不易，如果还想再有一点空闲时间，就更难了。这就是许多人会觉得不堪重负、应接不暇、筋疲力尽的原因。

家庭与工作研究所发布的一份调查显示，美国有一半以上的员工都感到不堪重负。因为待办清单总是层出不穷。比如，仅仅一天的待办事项就可以列出这么多：

- ✓ 完成一个工作项目
- ✓ 开车带孩子去上舞蹈课
- ✓ 清理车库
- ✓ 找一份新工作
- ✓ 做假期规划
- ✓ 与好友相聚，小酌几杯
- ✓ ……

清单思维

许多人都说希望自己可以更加成功、赚更多的钱、更有幸福感、身体更加健康，然而他们似乎没能实现这些愿望。为此，他们会抱怨是因为自己运气不佳、生活忙碌、资源有限等等。但事实上，只要一张普普通通的纸（或者一个应用程序）就能让人们的生活渐入佳境——这是一件简单到任何人都能做的事情。

许愿思维并不能让你人生的各个方面都更加如意，但是清单思维却可以助你达成所愿。两者只有一词之差，清单思维却极其有效。具体来说，你写下一个目标时，完成这个目标所要承担的责任就立刻变得清晰明了。无论那个目标是去集市买鸡蛋还是写一本书，其宗旨都是一样的，即从生活中获得你想要的（然后再从待办清单上划掉它们）。

有 54% 的人感觉自己每天都在忙忙碌碌地做着无用功。如果你也是其中一员，那我想对你说：生活本不该如此。你完全可以有时间去放松一下、读一本好书，或者做自己喜欢的事情。如果你认同清单思维的理念，就能让你的生活回归到有条不紊的状态。因为我们在思考的时候，化整为零要比化零为整简单多了。

一份清单能让你更加从容地去处理待办事项，进行活动规划，应对各种问题以及几乎任何你需要面对的工作。下面我将为你阐述：

- ✓ 如何列出能让你事半功倍的清单
- ✓ 如何节约时间
- ✓ 如何更加井井有条
- ✓ 如何更加富有成效
- ✓ 如何节省金钱
- ✓ 如何减轻压力
- ✓ 如何日益事业有成，生活幸福

列清单的好处

列清单不仅可以助你达成目标，还能帮你减轻压力，减少顾此失彼、慌张失措的情况。相信我们都有过这样的经历：在长途旅行到达目的地后，发现自己忘了带牙刷，或者走出商店后发现自己忘记购买原本需要购买的黑裤子。如果你之前就把这些事写在清单上的话，就不会忘记了。（当然，偶尔还是会有写了也忘记的时候，但忘记的概率微乎其微。）清单的作用就是为你减轻压力，助你达成目标，救你于"水火"之中。它会为你节省出一部分时间和金钱，因为你已经为各种情况做好了准备。

无论一个人是不是喜欢列清单，他都能通过操作如此简便的工具获益匪浅。即使对于最杂乱无章的人来说，清单也能让他变得思路清晰。只要你准备充足，考虑周全，就能列好清单。

---◇◆◇---

你知道吗？
麦当娜是著名的清单爱好者

众所周知，无论是坐在豪华轿车里兜风的时候，还是在演出间隙，又或者是在外出办事的时候，麦当娜都会做一件事，那就是列清单。她的清单内容涉及方方面面，例如待办事项、购物清单、预约事宜、人际关系等等。这些清单还曾以数千美元的价格被成功拍卖。（资料来源：http://bit.ly/1xke33k）

清单的力量

奥普拉·温弗瑞说过一句人生箴言："你梦想成为什么样的人，就能成为什么样的人（You become what you believe）。"有很长一段时间，我都把这句话当成我的座右铭。很多人都是她节目的忠实粉丝，我也不例外。13 岁的时候因为太喜欢看《奥普拉脱口秀》（*The Oprah Winfrey Show*），所以我决定给我的偶像写一封信。之后我收到了她的回信，用的是带有奥普拉信头的信纸，还附带了一张亲笔签名照片。这封信的内容详见下图。

我很喜欢她在信中说"由于时间关系，我无法回答你所有的问题"，想必我当时作为一个充满好奇的"小记者"，一定问了太多的问题！

不管怎样，"你梦想成为什么样的人，就能成为什么样的人"是奥普拉著名的金玉良言之一，不过这其实是她从马娅·安杰卢那里借鉴而来的。这句话是目前为止我最喜欢的人生格言。的确如此，你所相信之事能够造就你的未来！

亲爱的葆拉：

　　感谢你的来信。尽管由于时间关系，我无法回答你所有的问题，但我想告诉你，我很开心读你的来信。希望你在学校能努力学习，保持优异的成绩，这是你未来走向成功的关键。

　　再次感谢你的来信，感谢你喜欢看《奥普拉脱口秀》。

　　祝好！

奥普拉·温弗瑞

1993 年 5 月 10 日

8句我最喜欢的奥普拉名言

奥普拉·温弗瑞教会了我许多事情，比如付出和给予、认真聆听、努力实现目标。自从我年幼时开始看她的脱口秀，她就已经成了我生活中的一部分，之后随着年龄的增长，她逐渐变成了我心中的榜样。

1. 你梦想成为什么样的人，就能成为什么样的人。

2. 当别人第一次在你面前呈现自我的时候，请你选择相信。

3. 要记得吃一堑长一智。

4. 如果你愿意不计报酬地去做你的工作，那你正走在通往成功的路上。

5. 我相信事出皆有因，即便有时我们还没有足够的智慧看清原因。

6. 只和能让你变得更优秀的朋友为伍。

7. 见多识广，才能精益求精。

8. 我不认同失败一说。如果你享受那个过程，就不能称之为失败。

一旦你为做某件事设定了目标，就会更容易坚持到底。因为你会变得：

✓ 富有责任感

✓ 更有主观能动性

✓ 时刻谨记目标

将事情落实在笔头上会更有成效。事实上，来自加州多明尼克大学的教授盖尔·马修斯博士发现，如果将目标写下来，那么实现目标的概率会提高33%。

这个规律既适用于像买牛奶这样简单的小事，也适用于像找工作或者和你的爱人进行一场严肃的谈话这样复杂的事情。清单会让你有更加清晰的自我认知，也能让你变得更加井井有条、志在必得。另外值得一提的是，无论做什么事情，列清单能带来的好处都是一样的。以下是列清单的部分益处：

1. **减少焦虑**。你是否曾经无数次说过这样的话："我的事情太多了，怎么做得完啊？"这时，一张清单便能帮你缓解焦虑。你将要做的事情写在纸上（或者记录在手机里），然后不再去想这些事的时候，你的压力就会减少许多。

另外，我们多多少少都会有些健忘。事实如此：成年人保持注意力的平均时间只有15到20分钟，所以我们难免会遗漏几件事情。但其实我们可以避免遗忘。你想到一件事的时候，把它记在一个容易找到的地方——可以写在冰箱门上的便签本上，或者书桌上的便利贴上，也可以写在电子邮件里，甚至是你手机上的日历里。我一想到什么工作就要立刻写下来，要不然就麻烦了。因为会有别的事情需要我处理，我可能很快就忘记刚才想的那件事。只需要几秒钟就可以记录一项工作，不仅能为你节省许多时间，还能为你排忧解难。

2. **增强脑力**。列清单这个行为会锻炼到你大脑平时可能较少使用的部位。所以，你在增强脑力和保持敏锐的同时还能让自己的生活井然有序。我在博客曾发表过一篇由记忆专家辛西娅·格林博士撰写的特邀文章，主要讨论了列清单是如何替我们的大脑减压的。正如她所说的那样："像列清单这样的记忆工具会逼迫我们更加专注于自己需要记得的信息上，然后它们会通过一种组织有序的体系赋予这些信息真正的价值。"

3. 提升专注力。使用清单来统筹规划你的事情能让你心无旁骛地去实现目标。当你拥有了能提升专注力的方法，你生活中的各个方面也会因此而受益。你会发现自己很快就可以在一天中完成更多的事情，而且还有时间去做自己真正喜欢的事情。

当你在生活中越来越忙碌，你就变得越来越难以集中注意力。你是否有过这样的经历：本来正要给一个客户或者朋友写一封邮件，却被另一封新收到的邮件吸引了注意力。于是你放弃本来要写的邮件，转而去回复新收到的邮件，与此同时，老板又来电话了，或者孩子开始哭闹了，又或者快递到了，你要去拿快递……哇！是不是很有画面感？

有了清单就不一样了，它可以帮你很快地想起在被别的事情干扰前原本要做的事情进行到哪一步了。如果你本来需要给约翰回邮件，但是你的老板刚好来电话，那你就把"给约翰回邮件"写在待办清单上。我们都很清楚，你挂了电话之后，一定还会有别的事情干扰你的注意力。把要做的事情写下来是非常简单的，也许这看起来有点傻，但真的非常有效。

---◇◆◇---

惊喜高效小贴士

再也不要随意接电话！

分心是最容易降低效率的行为，会立刻让你的工作效率降到最低。我有一个小技巧可以确保你一整天都能高效地工作。那就是一定、一定、一定要和别人预约好通话时间。

我从来不会接陌生电话，也不会接非预约时间打来的电话。我知道这看起来会有些刻薄和无礼，但是接起电话的那一秒，自己就已经"偏离轨道"了。例如你正在做某事时，却被迫中断，转而和你的同事通话。这没错吧？也许这个电话很重要，但它却打乱了你原本的计划，导致你要去做计划外的事情，而那件原本要做的事情却因为一个电话被搁置了。这就是我总是要和别人提前预约好通话时间的原因。长久以来我坚持如此。如果电话铃响了，但对方不是我提前预约过的人，我就不会接这个电话。

尝试一下吧！我保证，这个方法会让你高效地度过一整天。

---

4. 增加自豪感。 我最喜欢做的一件事情就是从清单上划掉任务。做完某件事的时候，我会获得一种非常棒的成就感。有时我甚至还会把清单上原本没列出来，但是我已经完成的事情都写下来，然后开心地划掉它们！这种自豪感的提升确实能让我一直动力十足，成效卓著。知道自己有能力完成许多事情时，这种

自豪感会促使我们愿意去做更多的事情。记忆专家格林博士曾表明,清单可以帮助我们获得一种掌控感。当我们在生活中积极面对一切时,我们会觉得命运掌握在自己手中。而当你能完成更多事情时,你也会觉得自己是个效率颇高、精明能干的人。

5.理清思路。当需要做出艰难抉择或者规划假期时,我喜欢把所有的想法都写在纸上。列好清单,并且思考需要通过哪些步骤来帮助我达成目标,我就觉得自己能更加胸有成竹地去处理眼前要做的事情了。通过列清单来梳理思路,就不会那么毫无头绪了。

6.做好准备。美国女童子军有一句分量十足的官方警句:"时刻准备着!"尽管我没有参加过女童子军,但这句话却已深入我心。我手边总是会准备好一份零食、一张纸和一支笔,因为指不定什么时候它们就派上用场了!同样,我们的生活也是如此,必须做好准备。无论是找房子还是找工作,我们都需要一个清单来安排各个事情的优先级。

清单和备忘录的区别

我们常常会将清单和备忘录混为一谈,但这两者是各有不同的。一份清单可以是待办清单,也可以是一份列举正反两方面的清单,或者甚至是你喜欢配偶哪些方面的清单。但备忘录却不同于此。它是完成某件事所需的计划或方案。很多错误都可以通过简单的备忘录来避免。

实情回顾：一个本可以避免的错误

我的第一份电视台工作是在纽约长岛里弗黑德第55频道。(顺便说一下，这也是我和我丈夫相识的地方。) 就因为一个愚蠢并且本可以避免的错误，那天晚上的播出事故成了永远的耻辱。

那天晚上，由于原本的新闻主播还在休假，所以就让一个记者代班主持晚上11点的新闻节目。白天，我们是实习生和撰稿人；晚上，我们负责操作录像带 (是的，那时候用的还是录像带)、提词器和摄像机。就在那个灾难性的晚上，11点的钟声敲响，1号摄像机的红灯亮起，我们开始直播。

那个代班主持人完美地读完开场白，然后按照事先计划转向3号摄像机，准备播报下一条新闻。但令人意想不到的事情发生了——居然没有提示词！天哪！对于一个主持人来说，没有提词器简直就是梦魇。代班主持人只得慌乱地低头看稿，断断续续地进行播报。虽然她努力地佯装镇定，但是很明显，包括她自己、观众以及所有参与节目制作的人在内，都知道这是一起播出事故。

那天晚上，在复盘会议中，我们讨论了这次节目的亮点、不足以及那个播出事故。代班主持人把事故责任推到了摄影师身上，但事实并非如此。原来是负责3号摄像机的一个实习生 (不是我!) 忘了打开提词器。天啊，也就是说那天晚上大家没有仔细检查所有设备。

第二天我们的新闻主任就发布了一个通知："每个人在操作演播室的摄像机之前必须填写备忘录!"你可以想象，一开始大家都对这个主意不以为然、嗤之以鼻。但我们还是照做了。在此之后的两年中，每次播出前我们所有人都会填写那个备忘录：

- ✓ 打开提词器
- ✓ 设置好画面角度
- ✓ 设置好播放速度
- ✓ 对好焦点
- ✓ 检查耳机

这些就是所有要检查的事项，非常简单，却很容易因为别的事情分心而出现纰漏。就像我们看到的那样，任何一个小的疏忽都会酿成大错。

备忘录宣言

无论你从事什么工作，都可以通过一份列表获得更多的帮助。飞行员和医生已经践行这个方法数年之久。阿图尔·加万德是波士顿布里格姆和妇女医院的外科医生，他著有《备忘录宣言》（*The Checklist Manifesto*）一书。书中说飞行员都会有两份备忘录，一份是起飞前的备忘录，另一份是飞行中用来应对任何意外的紧急危机备忘录。也许看起来没有必要这样做，因为飞行员都是非常专业的，他们知道自己在做什么。但他们处于压力之下的时候，很容易就会忽视一些简单的步骤。这时，一份备忘录就能帮助他们确认是否错过任何可能会被忽略的小事。

航空飞行基础知识

13 是一个有魔力的数字，大概是飞行员们从坐到驾驶舱里到抵达目的地期间需要查看的所有备忘录的总数。这是帕特里克·史密斯告诉我的。他就职于一家民航公司，拥有 20 多年的飞行经验，还是《绝密机舱》（*Cockpit Confidential*）的作者。他说这些备忘录的内容和名称会因航空公司不同而有所区别，但它们都是为了每一段旅程的安全而存在，从飞机起飞前到最终落地的每个环节都会给出相应的操作准则。史密斯说："我无法想象在飞行时没有备忘录辅助的情形。我的意思是，备忘录已经在我们的日常工作中不可或缺。如果飞行时没有备忘录，就好像我出门没有穿衣服一样。"

尽管飞行员在接受培训时会记住一些应急处理方式，但他们还是会有需要查看《快速参考手册》的时候。这本手册里包含了对于一系列不太常见的情况，飞行员要如何应对的备忘录。史密斯说："这本手册非常厚，涵盖了大约几百种备忘录，都是用来应对突发状况的。有一些是和功能有关的内容。如果有紧急情况或系统故障发生，就可以去查看那本手册，它会为飞行员提供相关理论知识，或者说是一份指导'如何操作'的清单。"

尽管我不像飞行员那样负责人们的生命安全，但我每次进行实景拍摄的时候也都会使用备忘录。就像我之前提到的那样，在拍摄的前几天，我会在脑海中把要做的采访过一遍，然后写下所有我想问的问题。无一例外，我每个采访的第一个问题都是"请准确地告诉我您的姓名，具体是哪几个字"。迄今为止，我仍然会在我的问题列表的开头标注"姓名／年龄／职业"。因为我不想花时间去记要问姓名、年龄、职业这些问题。同样，在实景拍摄时，我也会把所有想要拍摄的镜头写下来。在保持这个习惯几年之后，它就变成了一件似乎很简单的事情。但我绝不会忽略写备忘录这个步骤，因为我不想一旦发生意想不到的事情，我就把如此简单的事情给忽略了。

> "勿以事小而轻视。"
>
> ——飞行员帕特里克·史密斯

鉴于飞行员和高层建筑工人都因备忘录而受益，万加德博士与世界卫生组织合作，为世界各地的医院制作了一系列的备忘录。而第一个成果就是他的团队于 2008 年制作的一份包含 19 项内容的备忘录。6 个月之后，调查结果显示 8 家医院的患者的术后主要并发症的发生概率降低了 36%。

克里斯托弗·罗斯伯里博士是一位在新罕布什尔工作的外科医生，擅长微创手术。我曾就手术室使用备忘录一事咨询过他的意见。他给我的邮件回复是："有了备忘录后，术前医嘱也变得简单了。我们在实施 SCIP 措施时（SCIP：手术护理完善项目，由疾病控制中心在 2003 年发起）的成功率几乎达到 100%。事实上，之所以没有达到 100%，是因为有些病人进入手术室的时候，出于种种原因，他们的病历里没有预先打印好备忘录。备忘录的作用就是排除错误的记忆。"

你看——备忘录大有裨益！

不是只有购物时才需要列清单

自从 2011 年 4 月开始在我的网站 ListProducer.com 上更新博客以来，我就听到过各种清单的用途，不仅仅局限在做决定、购物以及写待办事项上。清单还可以在治疗、健康、成就和自我提升方面发挥作用。

"9·11"事件之后，《只装走你能带走的东西》（*Only Pack What You Can Carry*）的作者贾尼丝·霍莉·布思看着镜子里的自己，发现她并不喜欢镜子里的那个人。许多人在电视上看到美国历史上最严重的恐怖袭击之后都开始重新审视自己的生活，她也是如此。她承认："我知道我是个喜欢评头论足的人。我并没有恶意，但我的确爱评头论足。而人一旦开始喜欢评判别人，就会走上错误的道路。"

贾尼丝是北卡罗来纳州的一个女童子军理事会的首席执行官，她从同事和朋友那里了解到，尽管自己是个很善良的人，但有时却给他人一种严厉、刻板、目中无人的感觉。贾尼丝说她觉得自己好像要疯了，内心受到很大的伤害，因为这不是她所认识的自己。尽管如此，她还是决定要做出改变。"我真切地意识到伤口很深，而我必须要治愈它。但我并不知道要如何去做，我只知道自己能做的就是列一个清单。"贾尼丝说是清单救了她的命。那个清单上列的不是要做什么事情，而是想要成为什么样的人。

像贾尼丝这样因为清单而让自己的生活变得更加美好的例子还有很多。你在做任何事情的时候，都可以用清单来规划你的蓝图。

清单治疗法

写清单有疗愈和镇定的效果。将脑中所想的事情释放出来，记录在一个方便看到的地方，我们就不用一直背负着要记得这些事情的压力。如果这些事情都被写下来或者存在手机里，我们就不用总是提醒自己要记得这些事情。

心理学家和精神科医生经常会建议他们的病人通过列清单来避免焦虑。当你需要做一个艰难的决定时，用列清单的方式将不同选择各自的利弊写出来，便是个极为有用的方法。在亚特兰大工作的精神科医生和心理治疗师特雷西·马克斯指出："将事情在大脑中进行归档、存储和整理是需要耗费脑力的，而且我认为我们都低估了思考的费力程度。"我们都知道这种精神压力会对自己的情绪和身体造成不良的影响，比如导致睡眠不足、肩颈僵硬、情绪波动等等。马克斯认为列清单就好比是"打开一个管道，让一些堆积物慢慢流淌出来"。

将压力保持在一个相对平衡的状态对于我们的健康和幸福至

关重要。《压力狂：5 步改变你和压力的关系》（*Stressaholic : 5 Steps to Transform Your Relationship with Stress*）的作者海迪·汉娜认为："人体系统真的承受不了长时间的高压和刺激，如果我们一直处于重压之下，那后果将不堪设想。"

我们喜欢清单

从社会角度来说，大家都非常喜欢列清单。各种清单随处可见：

- ✓ 戴维·莱特曼十大内涵金句清单
- ✓ 畅销榜榜单
- ✓ 最卖座影片榜单
- ✓ 名人财富榜（通常我的偶像奥普拉都会名列榜首）
- ✓ 冷知识清单
- ✓ 搬家清单
- ✓ 咨询医生的问题清单

──────────── ◇◆◇ ────────────

你知道吗？

戴维·莱特曼最早的十大内涵金句清单发布于 1985 年，名为"十大几乎能与豌豆押韵的词"（Top Ten Words That Almost Rhyme with Peas）。

任何你能想到的事情，我们都能为此列一个清单。现在有许多网站和博客（例如我自己的网站：ListProducer.com）都致力于列各种各样的清单。除了实用性和预判性，清单还有另外一个很重要的用途，那就是对于任何事情来说，它都可以帮助使用者保持专注性、积极性和条理性，从而确保使用者能获得满意的结果。dClutterfly 网站的创始人和组织者特雷西·麦卡宾说："人是一种会养成各种习惯的生物。任何让我们生活起来更轻松的事情都会变成习惯。人们通常把列清单的人看成固执的 A 型人格，但我不这么认为，对我来说，列清单反而给了我自由。"

第2章

清单用途多种多样：出乎你意料的清单妙用

做出选择、规划旅行、展望未来……清单贯穿着我们整个人生。多去探索清单的用途，你会发现它不仅让生活中的很多问题完美地得到解决，还能让你发掘快乐与幸福，找寻到生活的真谛。

列一份清单最简单的目的就是帮你记住要做的事情或者要买的东西。但它有一个更重要的作用，那就是作为你采取行动之前的蓝图和起点。我很清楚我有多爱待办清单，因为它可以让我知晓事态进展，但这并不是唯一一种需要创建的清单。

好处、坏处、犹豫不决：利弊清单

你人生中做过的任何决定，大部分来说都会有好的一面，也会有坏的一面。

- ✓ 买房子
- ✓ 换工作
- ✓ 生孩子
- ✓ 计划蜜月旅行

以上列出的所有事情都需要诸多考量以及批判性思维，而首先要做的就是列一个利弊清单。这对于回答无法明确判断可否的问题最为有效。我倾向于每次只同时衡量两个问题，否则，我很有可能会变得比之前更加困惑。

在亚特兰大工作的精神科医生和心理治疗师特雷西·马克斯

说："当你被迫需要设计一个利弊清单时，你就会更加深入思考所有的可能性——但如果这些可能性都只在你的脑海中，它们就很容易被忽略。我们很容易把事情想得简单化，例如一份工作可以在家办公，你就认为这是一份好工作，但是你忽略了其他因素，例如可能无法获得医疗福利等。"

以下是高效创建利弊清单的方法，可以帮你减轻压力，更快地接近想要的答案。

1. 纸质版还是电子版？ 我是个喜欢随身携带纸笔的女生，但是我也喜欢通过应用程序和科学技术来创建清单。我发现如果我喜欢正在书写的这张纸，就更有可能坐下来写一份利弊清单，即便列这个清单是为了做出一个非常艰难的抉择。我也曾经在网站 KnockKnockStuff.com 上制作过几个有趣的自带模板的利弊清单。但你也可以将空白的纸从中间对折，然后列出你想到的利弊之处。不管是用白纸还是网站，得到的结果都是一样的。同样，如果使用电子产品来创建清单，效果也是如此。

2. 无论想到什么，先列出来。 首次为一个问题列出利弊清单之时，我总是想到什么就写什么——即便先想到的是微不足道的细节，例如有意向就职的公司的办公室墙壁是绿色的，而这是你最喜欢的颜色，你就可以把这一条放到优点那一栏里。因为之后你可以再把你觉得不重要的几点删掉。至于想尽量多列几点还是少列几点，完全由你决定。

你在做这件事的时候，要像新闻记者一样去思考。在高中的

第一节新闻课上，我就学习了"五个 W"：

1. 谁？（Who ?）

2. 什么？（What ?）

3. 地点？（Where ?）

4. 时间？（When ?）

5. 原因？（Why ?）

你列清单的时候可以从这几点出发。但首先你要保持客观，并且把重点放在事实上，尽量不要掺杂太多主观想法。你只是简单地先把所有的点都写下来，然后再决定它们的排序和所占比重。

3. 修改。你把所有的想法写下来之后，需要给每一项内容分配权重。比如，你想买一个房子，那你介不介意这个房子处于临街的位置？如果介意，这一点就要列在缺点那一栏里。重新查看你列出来的所有内容，然后删掉那些不重要或者对你的决定不会产生影响的事项。就像之前提到过的，虽然你喜欢绿色，但绿色的办公室墙壁如果不会影响你的决定，那就删掉这一点。遵循这个流程来修改你的清单，使其变得更有价值。另外，还需要合并同类项来简化你的清单，否则会让你难以抉择。

4. 给自己一天的考虑时间。你完成最终版的清单后，先把它放在一边，让大脑先休息一下。因为你长时间盯着一个东西看，会很难让自己的头脑做出清晰的判断。第二天再把你的清单拿出来看一遍。你回顾时，也许会对这份利弊清单有完全不一样的看法。

5. 权衡你的选择。 这一点并不是说，假如优点这一列有 5 项，而缺点这一列只有 3 项，你就可以投赞成票。你需要用批判性的思维去考量每一点，想象一下每一点对你今后的生活会产生怎样的影响，必要时可以搜集一些资料参考一下，或者问一些问题。记住，有些事情对别人来说可能不算什么，但对你来说却是头等大事。所以一定要从自己的内心出发，实事求是。

如果你有任何问题，可以试试 Proconlists.com 这个网站。你可以把所有能想到的优点和缺点输入进去，然后根据每一点的理性和感性程度来分配它们的权重。网站会根据后台的一系列算法给出结论，告诉你应该怎么做。虽然我不认为这个网站可以成为左右你选择的决定性因素，但它却能很好地帮助你练习如何更加仔细地评估每一点。

6. 把问题说出来。 如果你无法决定要怎么做，可以把你的困惑告诉你的朋友、伴侣或者同事。多一个人出主意总比自己冥思苦想要好。也许这个人能够说出你没想到的优点或者缺点。

列行李清单的技巧

每段旅程之前都要列行李清单的两个原因是：如果没有行李清单，你难免会忘带所需之物；如果列了行李清单，你会少花一些冤枉钱。

以上两点是非常重要的。如果你去一个遥远的热带岛屿旅行，却发现没带泳衣，那简直太扫兴了。当然，景区肯定有卖的，可你要花高价购买。但为什么要这么做呢? 既浪费时间又浪费钱。

　　说到钱，美国交通统计局的数据显示，2012年美国最大的几家航空公司的行李费高达35亿美元。是的，你没看错，35亿。虽然每件行李只收25美元，但每天要运输的行李数量却是巨大的。假设你和你的家人每年至少旅行一次，每次一行三人，那一共就是75美元。这75美元是你还没有开始真正享受旅行就要花的钱。如果你有多余的75美元，你会做什么? 我想你可能会想要做个美发、做个美甲，或者买双新鞋。

　　那这些和行李清单有什么关系呢? 条理清晰地为一段旅程规划要带的行李意味着你可以只带需要的东西，少带一些"万一用得上"的物品。这样你的行李变少了，就可以节省一部分行李费。这个道理说起来容易但做起来难。我承认它需要预先准备和自律能力，可是一旦你试过这个方法，就会爱上它。我的策略是：我每次旅行都会列一个全新的清单。有些人会一直使用同样的清单模板，但我喜欢先起草，然后根据每段旅程的特点个性化制定我的清单。有了这样的清单，我就能更加放松地享受旅行。

　　1. 写一个行程规划。 假设我现在要去海边旅行，从周五到下周一共计4天。我会把所有的休息和活动安排都写出来，这样就能知道需要带什么样的衣服：

　　周五：出发、吃饭、休息

　　周六：海边游玩、吃饭、休息

　　周日：海边游玩、坐船游览、吃饭、休息

周一：返程

不要只考虑衣服这一点，还要考虑你可能需要的其他物品。比如，如果你喜欢逛博物馆，那你肯定不想忘带相机和舒适的鞋子。

2. 物品要分门别类。既然你已经想好了每天的安排，那就要分门别类地整理需要的物品。我会把我的行李清单分为以下几部分：

- ✓ 旅行化妆包
- ✓ 衣服和鞋子
- ✓ 珠宝首饰
- ✓ 电子设备和书籍
- ✓ 旅途用品（例如证件）
- ✓ 临行物品

分门别类地列清单会让你想得更加全面。如果在列清单的时候只单纯地去想"需要带某某物品"，你很容易就会想不起来还有什么相关的东西要带，但如果你按照类别去想，就不会那么不知所措。

3. 回想日常生活。我会在脑海中想一遍平常早起都会做哪些事情，以确保在出发时没有落下任何东西，比如牙线和清新剂。此外，这样做还能避免到了目的地后才发现自己没带牙刷的尴尬。

4. 查看天气。虽然天气预报不是百分之百准确，但至少能让你知道，针对未来的天气可能需要带什么物品，比如帽子、防晒霜或者雨伞。另一个好方法就是依靠应用程序来得知天气情况。

———————————— ◇◆◇ ————————————

惊喜高效小贴士

我非常喜欢"黑暗天空"（Dark Sky）这个应用程序。它会跟踪你的定位，并且在即将下雨的时候及时提醒。你会收到一条简短的温馨提示，比如大约 15 分钟后你所在的地方会有降雨，此次降雨将会持续大概 6 分钟。它可以精确到这种程度。（你会在第 8 章《利用智能设备：跟紧时代步伐，玩转新奇有趣的清单工具》中看到更多助你轻松生活的应用程序。）

5. 精心挑选穿搭的衣服。我发现比起随意拿几件衣服丢到箱子里，认真选好要穿的衣服可以让行李避免过于繁重。仔细看看你衣橱里的衣服，把你喜欢的每套搭配挑选出来，包括鞋子和首饰。我的随身行李中一定会有一件羊绒披肩，这样我在坐飞机的时候还可以把它拿来当毯子用。

我之前提到过 dClutterfly 网站的创始人和组织者特雷西·麦卡宾，她每次旅行前也会做同样的事情。她说："过去两年，我一直频繁地旅行。我想'我必须处理好行李的问题，不然我在出发前真的会非常焦虑'。因此现在我在旅行前都会做一个衣服搭配的清单，然后根据清单整理行李，简单快捷，顺利出行。对我来说，列清单真的解决了一大难题。"

6. **做一份临行清单。** 这份清单包含所有我出发当天早上还需要使用而无法提前打包的物品，另外还包括我出门前最后要完成的一系列事情。

当我还是个孩子的时候，每次我们去纽约莱克乔治度假，我的父亲总是会列一个临行清单，记录所有出门前要做的事情，比如关掉空调、停止接收信件、给植物浇水等等。这样他就不用强迫自己记住别忘了做这些事。有了这份清单，一切都变得简单便捷，轻松顺利。这件事对我产生了积极的影响，很可能也是我如今热衷于列清单的原因吧。

需要长途旅行？

不要害怕！我有办法。我们在生活中可能会发生这样的情况：需要只带一个登机箱去欧洲（或者其他任何地方）旅行两周。我的好朋友、霍夫斯特拉大学的校友妮科尔·费尔德曼就遇到了这样的情况，而且她做到了。她是一个收纳天才！以下是她的几条收纳准则：

1. 将所有东西卷起来放置。

2. 穿最重的衣物去坐飞机。

3. 买一个材质轻便、22 英寸的万向轮登机箱。这是一项重要的投资，能为你节省很多时间和金钱，还能减少你舟车劳顿的焦虑。同时它也是航空公司允许携带的最大尺寸的登机箱。

4. 选一个好用、轻便且容量大的包作为背包，这样你外出观光游玩的时候也可以用。

5. 真空压缩袋是一定要带的。它是一种干净、扁平的包装袋，网上可以买到。你将衣物放进包装袋后，将它平整地放在地上，然后从一头卷向另一头，把所有空气都排出，将口封好之后，整个包裹的体积就会变得更小。再带两个空的真空压缩袋，它们可以轻松地被塞进行李箱的夹层里，回程时正好可以用来装穿过的脏衣服。

妮科尔在我的网站上（ListProducer.com）分享了她完整的清单。欢迎来我的网站查看，这份清单对于任何旅程来说都有参考价值。

搬家

清单对于搬家的辅助作用也是不可忽视的。无论你从朋友、家人或者搬家公司那里获得多少帮助，搬家都是一件让人头疼的事情，而清单可以成为你的好帮手。

1. **断舍离**。对于从来没用过的一套床单来说，搬家是你重新评估是否还要保留这件物品的好时机。你可以把所有想要扔掉或者捐赠的东西列一个清单。

2. **打包**。将东西打包搬家非常容易，大多数情况下，你会带走所有的东西，对吧？不过为了方便，你应该给每个箱子标上所属的房间和编号，然后根据编号把每个箱子里的东西列出详细的物品清单。当你到达新家看着满屋的箱子不知从何下手的时候，根据这些清单，你可以很快地知道第一天晚上需要的东西都在哪里。同样，如果你需要将一些物品存放在仓库，也可以使用这个好方法。

3. 替换。搬家还有一个有趣的地方就是有些东西你不会带走，而是直接买新的来替换，或者为新家做些装饰。在你离开旧家之前，做一个这样的列表，那样你去新家就能做到心中有数了。因为有些东西（比如家具）是需要提前规划好的。

4. 找到新的休闲之处。这是搬家的另一个好处。新的社区意味着会有新的餐厅、商店和娱乐场所。搬家的时候，将所有你想要去或者想要了解的地方列一个清单。让新邻居分享他们的推荐清单也是一个认识新朋友的好方法。

研究清单

列出一份研究清单，你可以为任何需要规划的事情制定细节：

✓ 新社区可以理发的地方

✓ 寻找一名家政人员

✓ 学习如何吃得更好

✓ 找一个房子

✓ 筹备一场婚礼

✓ 开启一段旅程

✓ 赚更多钱的方法

对于所有你想要完成或者需要了解的事情，都可以从列一份清单开始。当我要规划一段旅程或者一个重要的活动时，我常常会使用这类清单。所有的事情都可以被分解成数个清单来帮助你理清思路。

———————————— ◇◆◇ ————————————

惊喜高效小贴士

如果你不是一个擅长做研究的人，那不妨把这项任务外包出去。外包是一个非常好的方法，可以节省你的时间，让你专注在真正想做的事情上。（关于外包的相关资源，请参考第7章《学会外包任务：不必万事亲力亲为，让他人助你一臂之力》。）

———————————————————————————————

目录清单

我曾经说过，做任何事情我都可以列一份清单，这话可不是在开玩笑：

✓ 要读的书

✓ 要品尝的餐厅

✓ 喜欢的睫毛膏

✓ 需要买的衣服

✓ 要追的电视剧

✓ 想让别人买来送我的礼物（没开玩笑，这很流行）

✓ 想要访问的网站

对于这些清单，我喜欢称其为目录清单。它们都是一些关于想法或偏好的清单，而不是工作任务。

当有人给你介绍一本你感兴趣的书时，你会做什么？是不是你和我一样，你会想要记住书名，但由于你很快就被别的事转移了注意力，所以，嗯……不一会儿就忘到九霄云外去了？这不是我们的问题。我们的记忆功能会随着不常使用而变得迟钝。我认为这是科技带来的问题。当然，也许有少数号码我们还是能记得很清楚，但由于科技的发展，我们不会再用大脑去记所有的号码。我已经有 7 年时间不记得我的工作号码了。我从来没想过要去记住它，因为我不需要这么做。我得承认：当我给别人留言让他给我回电话时，我总是听起来很可笑地说："我的号码是……稍等我查看一下……哦！在这里。"如果我必须要记住这个号码，我会记住，可问题是我不需要记住它。

所以，当我们需要查看一些类似的信息时，目录清单就能为我们提供帮助。至于这些目录清单放在哪里，由你自己决定——但是如果你不知道这些清单都在什么地方，那就是给自己找麻烦了。

我会借助智能手机和一些应用程序来存储我的目录清单。我将在第 8 章《利用智能设备：跟紧时代步伐，玩转新奇有趣的清单工具》中，详细讨论我觉得哪些应用程序最好用。

人生清单

这是我最喜欢的一种清单，因为它非常个性化。如果你还不是个喜欢列清单的人，那可以先从列人生清单开始。人生清单就是逐条列出所有你想在"翘辫子"之前完成的事情。

———————— ◇◆◇ ————————

你知道吗？

网站 Slate.com 显示，"翘辫子"（kick the bucket）一词至少在 1785 年就出现了。但"人生清单"（a bucket list）却是一个比较新的词语，该词在 2007 年由杰克·尼科尔森和摩根·弗里曼主演的电影《遗愿清单》（*The Bucket List*）上映后变得流行起来。《遗愿清单》讲述的是两个身患绝症的人决定在临终前来一场自驾游，以此来完成他们清单上未了的心愿。（资料来源：http:// slate.me/1subN5t）

你比任何人都要了解自己，所以列人生清单是一件有趣的事情。你想学习法语、想在百老汇表演、想在旧金山坐缆车，或者想在澳大利亚抱一抱考拉？任何梦想，无论大小，都可以写在人生清单上。

我喜欢在笔记本里写下我的人生清单，但你可以选择最适合你的方式。网站 MyLifeList.org 是一个存放人生清单的好地方，同时还可以看到别人的人生清单。这个网站创建了一个关于实现目标的社群。在这里，你可以找到和你有相似目标的人，也能看到他们为了达成目标正在做着怎样的努力。

人生清单的价值是不可估量的。的确，有梦想是件好事，但我相信一旦你将梦想写下来，你就自然而然地为实现梦想设定了努力的目标。

新年日记

梅拉妮·扬是个喜欢列清单的人，同时她也是一名女企业家、环球旅行者和作家。我和她聊天时说到了她每年都会创建的"新年日记"，里面包含了所有她在新的一年想要去的地方和想要做的事情。

梅拉妮的生日是 1 月 1 日。她在某一年的跨年之夜经历了一次糟糕的约会之后，就决定再也不会让自己过糟心的生日。从那时起，她决定在生日的时候去旅行。梅拉妮告诉我："每个条目都有一份清单。第一份清单就是对过去一年的总结，记录所有的高光和低谷时刻；然后是未来的愿望清单，列出 12 至 15 件决心要完成的事情。我从 1988 年就开始这么做了。"

梅拉妮的清单已经让她的足迹遍及曼谷、胡志明市、马丘比丘、里约、夏威夷，以及伯利兹、洪都拉斯、西班牙、法国等等。她把这些日记依次摆放在书架上，相信有一天它们会成为她的自传。

要求，相信，接收

我喜欢《秘密》（*The Secret*）这本书里讲的法则。原因很简单，因为它们让我每天在拥挤的纽约地铁里都能找到一个座位——如果你去过纽约，就知道这是一个小小的奇迹。而且我同样把这些法则应用在了更重要的事情上，比如去参加《奥普拉脱口秀》。我觉得相信自己会拿到脱口秀的门票、想象自己坐在观众席的样子也起到了作用。我的丈夫认为这些都是无稽之谈，但是我已经证明了他是错的。

《秘密》是什么？这本书主要讲的就是吸引力法则，即如果你向外界表达内心的想法，并且坚定地相信这件事，那你的愿望很可能就会成真。当我还是小孩子的时候，《秘密》还没有出版，我的母亲总是会对我说："如果你有什么想法就表达出来，没准就实现了。"

这就好比你和认识的每一个人都表达了想换一份工作的愿望，最终真的就有人给了你一个不错的机会。当然，这也可能只是巧合，但我认为把你的想法说出来是有帮助的。

将目标可视化

不擅长做手工的我在每年的新年伊始都会做一个愿景板，并且乐在其中。阅读杂志对我来说是一种有负罪感的快乐，因为它们会成为我制作愿景板的素材。看到杂志里面有告诫自己的图片和话语，我就会把它们撕下来粘在愿景板上。

什么是愿景板?

愿景板是一块展示板,包含了所有你想要完成的事情、你喜欢的事情以及你想去的地方。如果你将愿景板作为朝着目标努力的起点,那么你实现目标的概率就会更大一些。另外,对于一些无法在短时间内实现的目标来说,例如拥有一套带有3间卧室的公寓,或者去威尼斯旅行,愿景板也是一个很好的目标提醒器。我还会把我崇拜的人的照片、喜欢做的事情(比如喝茶,还有包括写这本书在内的其他目标)都放在愿景板上。将目标可视化是非常重要的,哪怕只是把它们呈现在一张纸上。这恰好印证了那句箴言:"你梦想成为什么样的人,就能成为什么样的人。"

没有规则限制

你的愿景板上可以放照片、图画,或者鼓舞人心的话语。如果你是个心灵手巧的人,还可以用布料或者其他材质的东西将你的目标可视化。制作愿景板的方法没有对错之分,你可以随意发挥。上面的照片可以是你已经去过或者想要去旅行的地方、你喜欢的穿衣搭配、你想要买的东西、你理想中厨房的样子,或者是任何能让你开心的事情。

愿景板上的东西可以只代表它的字面意思,你也可以赋予它更多的创意。我在愿景板上放了香槟的照片,因为它是我最喜欢的饮品之一,而且香槟也象征着庆祝,寓意我希望有很多可以庆祝的事情。同样,我的愿景板上还放了一张别人正在填写感谢卡的照片，不是因为我特别喜欢写感谢卡，而是因为我希望有很多可以表达感谢的理由。

我会特意在愿景板上留出一些空白的部分，好让我可以随着时间的推移不断更新。无论任何时候，只要我看到吸引我的照片，或者有了一件想要完成的事情，我就会把它们加到愿景板上。我会把愿景板挂在我的衣柜门内侧，这样就能保证我每天早上挑选衣服时都会看见它。你可以像我一样手工制作一个愿景板，或者用电脑做一个电子版的。以下是一些存放愿景板的地点供你参考：

1. 把你的愿景板用相框裱起来，放在书桌上。

2. 把愿景板钉在软木墙板上。

3. 将愿景板设置为你的电脑壁纸。

4. 夹在你随身携带的书里。

5. 存在你手机的应用程序里。

我认为这是一项适合跟朋友甚至孩子一起完成的趣味活动。孩子可以制作属于他们自己的愿景板，例如他们在一年内想玩什么，或者想去什么地方。你将会惊讶于愿景板对孩子们的影响。你其实也可以把这件事当成一个传统活动，即在跨年之夜看去年的愿景板，回顾一下去年都实现了哪些目标，然后在新年第一天制作一个新的愿景板。但话说回来，也不是只有在新年伊始才能做愿景板，任何时候都可以做！

但有一点要记得，只做愿景板是远远不够的。我们必须要积极行动起来去实现目标。

感恩清单

有时我会感到沮丧，尽管大多数时候我是个积极乐观的人，但难免还是会情绪低落。我们大多数人也会遇到这样的情况。而我的解决方法就是写一份感恩清单。

一份感恩清单记录了所有让你觉得开心的事情。它可以包含任何让你心怀感激的事情：

- ✓ 新鲜杞果上市了。
- ✓ 今晚会播出我最喜欢的节目。
- ✓ 我做的舒芙蕾蛋糕成功了。
- ✓ 我最好的朋友搬到了我家附近。
- ✓ 做比萨的时候没有烫到自己。
- ✓ 我在工作中得到提拔。
- ✓ 丈夫给我买了一个漂亮的礼物，没有原因，就是单纯地想要买给我。
- ✓ 我要去新西兰旅行了。

把所有能让你感到开心的事情都列在清单上，无论大事小事，尽管写下来。这份清单会让你意识到什么才是人生中真正重要的事情，从而改变你的心理状态。我记得奥普拉曾经说过："人们每天太过专注于自己的日常工作，以至于忘记应该花几分钟的时间来思考一下什么是生活的真谛。"

我的母亲遇到任何事情都会努力发现其中积极的一面，也许我就是受了她的影响。一些心理学家建议每天都列一份感恩清单，因为它真的很有效。自助作家、Elevate Gen Y 的联合创始人亚力克西斯·斯克林伯格说："我每天晚上都会列出让我感恩的事情，这是我要做的感恩练习……科学研究已经表明，常怀感恩之心会提升人的幸福感。"

当你思考生活中所喜欢的事情时，除了能让你感到开心，还能带来一些益处。心理治疗师特雷西·马克斯说："发掘或发现你未曾真正感激过的事情，会让你倍感愉悦和心怀感激，从而提升你的自豪感或自我价值感。"

我们都想过得更加幸福，不是吗？那为什么不列一下感恩清单呢？

第 3 章

清单制作新手入门：行动起来，
跳出"只列不做"的误区

　　清单的轮廓已经在你的脑海中浮现，只要掌握
本章的方法，制作一份让你事半功倍的清单并不是
难事。把你的想法落实到纸上并着手去做，清单将
发挥助你提高效率的作用。

无论你是写一份待办清单、购物清单还是利弊清单，将想法落实到纸上的行为对你的思想、身体和心灵都是有好处的。我没有在开玩笑。因为写一份清单可以帮你减轻压力、提高效率，让你保持专注有序的状态，而且还能带来成就感。

　　"所以，你就有一种动力，会觉得'我正在一件一件地完成这些事情'，并且能切实看到完成的进度。即使是很小的事情，也能变成推动你前进的动力。"《压力狂：5 步改变你和压力的关系》的作者海迪·汉娜如是说。

　　列清单是一件只需投入一点时间就能获得高回报的事情。我敬爱的一位新闻学教授凯茜·克雷恩在评论我们的写作时总是告诫我们"要保持简约，傻孩子"。她说这话时语气里充满了爱意，而我认为这个忠告适用于生活中的方方面面，包括列清单这件事。

如何制作一份终极待办清单？

　　你很容易因为不知如何执行你的清单而选择直接忽略它。但是我可以告诉你如何制作一份终极待办清单并且使你坚持执行下去，通过以下几点就能做到。

　　1. **只管写下来。**对于没有摆在你面前的事情，你很容易就忘记了，所以你一想到任何要做的事情，就立刻写下来。此时不用在意清单上的事情是否以某种特定的顺序排列，只管写下来就好。

2.整理你的清单。一旦你意识到自己有很多必须要做的事情后，就需要整理一下清单，将这些事情按类别区分——工作、家庭、孩子、游玩等等。你生活中的每个方面都应该有它自己的清单。如果不分类，你的清单还是会让你感觉一头雾水，然后就直接被你忽视了。

大多数情况下，不同种类的清单我会放在不同的地方。比如，与工作有关的清单我就会放在办公室桌子的抽屉里，而家庭方面的清单我会放在家里书桌的抽屉里。我很清楚这些清单的位置以及它们各自针对的是哪一方面的事情，这也便于我区别记忆。如此一来，当我看着清单上列举的事项，我就知道要怎么处理这项任务了。你是不是很吃惊，原来清单的作用这么大？

特雷西·马克斯博士指出："清单不仅可以帮你正确地将事情划分开来，还能帮你解决因为事情太多而无从下手的问题。"她还建议把一天分为几个时间段，当你觉得无法集中精力的时候，就可以停下来做点别的事情，例如查看邮件。坚持这样能让你持续保持专注，从而获得更高的效率和更多的工作产出。

3.排列优先级。一旦你列好了不同类别的清单，要仔细查看每一份清单上的事项并按照截止日期和重要性对其排序。这有助于你朝着正确的方向推进工作，并且只专心处理当下需要完成的事情。虽然也许有更容易完成的任务，但它们并不是那么重要。不要因为有些任务更容易完成就先去做，否则只会让你赶不上工作进度。

4.修改。既然你已经按照类别和优先级对清单进行了整理，接下来就要修改清单了。制作一份清楚易读的清单，会让你更愿意参照清单来一一核对工作任务。大家都知道我总是不厌其烦地创建和修改清单。你需要找到一个适合自己的修改方法。我不喜欢清单上有太多密密麻麻的批注，如果一份清单上到处都是各种标记，我会干脆重新写一份。

5.重复。为了完成任务，你需要制作多少清单就写多少。我每天都会列一个清单，并且会根据当天的工作进展进行相应的补充。第二天我会把前一天没有完成的事情加进来，以此类推。

做一个更聪明的清单制作人

的确，列清单的方法也有对错之分，只单纯地把事情写在纸上是不够的。一份只有待办事项的明细清单会让你感到焦虑不安和不知所措，但列清单的目的是让你感觉更加轻松，而不是越来越忧虑。

《只有思路清晰，才有明朗人生》（*Organize Your Mind, Organize Your Life*）的合著者玛格丽特·穆尔说："我发现，当我把所有事情列出来的时候，我感觉还是一团乱麻。因为我不可能做完所有的事情。"她给出的建议就是要找到"最佳剂量"。

而具体多少"剂量"是因人而异的，因为只有我们自己知道如何能最好地完成工作。穆尔说："你需要找到合适的工作剂量，刚好让你觉得条理清楚，一切尽在掌握，没有不知所措的感觉。不过这是需要自己反复试验才能确定的。"

无论你决定把清单写在哪，总有一个问题伴随而来，那就是你要切实完成列出的事情。你写下一份清单后，可以通过以下几点来让它真正地为你服务。

1. 评估你的清单

排列优先级。我之前提到过这一点，而且这可能是管理一份待办清单最重要的。因为事实上有可能所有那些事情都不应该被放在现在的清单上，你需要考虑清楚什么是目前真正需要完成的事情，什么是可以留到下次再做的。

实事求是。这是一个棘手的问题。你了解自己，也清楚自己的能力所在。但有时在面对一张待办清单的时候，你很难做到诚实和务实。我懂这种感觉。你现在就想完成所有的事情，然后把它们从清单上划掉。但正确评估首先需要处理哪件事是种很重要的能力，这会起到非常大的作用。如果你发现清理衣柜需要花两个小时，而你在半小时后预约了医生会诊，那清理衣柜就不是当下最好的选择。

专注。列一份明确具体的清单有助于提高你的办事效率，要把重点放在完成任务的具体步骤上，而不只是简单地写"整理车库"。也就是说，要把如何"整理"的具体步骤写出来才能帮你更好地完成这件事。在你的清单上列出具体的任务，比如：

- ✓ 丢掉多余的节日装饰物
- ✓ 将所有的工具集中放在一个地方
- ✓ 清理占用了车辆停放空间的杂物

使用具体的动作指示词语也有利于你达成目标。例如，不要只是简单地写"去食品杂货店"，而应该写"买沙拉、西红柿、牛油果"。这才是更清晰的指示。它会提高你的购物效率，让你更快地离开商店。

2. 强化你的清单

易事先行。 有时候需要给你的清单"减减负"。把一些比较容易完成的事情列在清单上会让你感觉更轻松，因为你能快速地完成它们。我知道我之前说过不应该只先做容易的事情——但有时候，完成一些比较简单的事情有利于提高工作积极性。你必须通过完成要做的一些小事来获得积极性，然后继续保持这种动力。

制作不同类别的清单。 你把生活中所有想要完成的事情都列在一个清单上是大错特错的。针对不同方面的事情需要列不同的清单，这样你才不会感觉压力太大或者让各项任务变得错综复杂。

3. 分配你的清单任务

将清单上的某些任务外包出去。跑腿兔（TaskRabbit）的首席执行官利娅·布斯克是一位非常聪慧的女士，她曾对我说："你有能力做某件事，并不意味着你应该做那件事。"作为一个曾经执迷于掌控一切的人，我把这句话记在了心上。（好吧，我现在还是会有点掌控欲，但不像以前那么严重了。）把一些事情分配给别人，而不是事必躬亲，会让你的生活变得更好。（我将会在第 7 章《学会外包任务：不必万事亲力亲为，让他人助你一臂之力》中详细讨论这一点。）

学会拒绝。哇！想象一下，如果你能拒绝一些确实不想做的事，那你可以完成多少事情。是的，只需一个"不"字，就能拿回本该属于你的时间。当被邀请一起喝杯咖啡休息一下，或者一起去看一部朋友心仪了好久的电影时，你很容易就应允了。但很重要的一点是，不要让"可以"成为你的默认回复，记住你的时间是很宝贵的。所以，没有自愿去做学校郊游的监护人，或者在工作中没有接受负责另一个项目，都是没关系的。

不要因为别人的劝说而选择加入，除非这是你想要花时间去做的事情。如此一来，你就有更多的自由时间可以安排，从而得以完成更多的事情。这一点说起来容易但做起来难，可一旦你开始这么做了，你的效率就会大大提高。

我经常说"不"，但我是通过练习才学会了如何拒绝。例如，我周三下班后的时间都是属于自己的，因为这个时间我丈夫通常在工作，所以我就会在此期间和闺蜜聚餐，或者做美甲，做其他有意思的事情。通常来说，这段时间我只会做和自己有关的事情。有时当别人让我们做一些事的时候，虽然我们已经有了规划，但还是倾向于打断自己的计划，因为会觉得"哦，反正我现在也没做什么事"。我现在已经不会这么想了，并且因此更加快乐。如今我更注重自己本身的需求，比如读会儿书、放松一下看一集《家有吉娅达》（*Giada at Home*），或者写点博客。我不想中断这些计划，因为它们能让我有所收获。同时它们也带给我很多快乐，因为这些都是我真正想做的事情。对我来说，它们就像和朋友一起出去玩或者参加其他社交活动一样重要。

现在说到工作的问题。有时在职场的确很难拒绝别人。很多时候我们别无选择，只能接受。每当遇到这种事时，我就会看看待办清单上还有哪些事情要做，然后将其中一些事情另做安排。比如，我会请别人来帮我完成其中一项任务，或者将任务交给另一名团队成员。

以下是几种婉拒的话术，供你参考：

✓ "抱歉，我没法参加这个项目（或这个活动），但×××是个不错的人选。"（人们对于解决方案都是乐于接受的，加之你提供了替补人选，也算是为此出了一己之力。）

✓ "抱歉，我最近几周比较忙，请于××周之后再和我确认此事。到时我的时间会比较充裕，也能更好地给予帮助。"（一定要仔细查看你的日程表，确保给自己留出了足够的时间。)

✓ "通常这种事我都会立马答应，但我现在正在尝试一些
新的项目，还不太确定有多少事情需要我来负责。很抱
歉，我现在的时间都已经排满了，所以确实爱莫能助。"
（你会惊讶地发现，当你真心诚意地说出自己的难处时，
别人也会非常友好地表示理解。)

4．设定最后期限

作为一个电视制作人，我对这一点再了解不过了。设定最后
期限真的很有用，它有助于减少未完成的任务。虽然万圣节过后
还有不少时日才到感恩节，但如果你一直给大脑灌输的是在万圣
节前就要列完感恩节菜单，那么你就会这么做。正因如此，我每
年 8 月份就会开始为过节进行采购准备。早点准备，我就不会在
感恩节快到的时候手忙脚乱了。

这个方法也适用于简单的待办事项，我经常会在清单上给每
件事情设定一个完成时间。比如我知道走到干洗店需要 15 分钟，
那我就会告诉自己要在下午 2 点前完成这件事。这样一来，我就
可以把这件事写进日程表并确保自己按时完成。

───────────── ◇◆◇ ─────────────

番茄工作法

有一种时间管理方法叫作"番茄工作法"，也许会对你
有帮助。20 世纪 80 年代，弗朗西斯科·西里洛发明了这个

方法，因为当时用的厨房计时器形状像番茄，所以将其命名为番茄工作法。具体来说就是将你的工作以"番茄"为单位进行分割，每个番茄代表25分钟。每当你完成25分钟的工作，就可以休息一会儿。

我喜欢这个方式，因为比起整整一个小时，25分钟更容易掌控。有时候我们计划"我要花一个小时来做这件事"，但仔细想想在这一小时里有多少时间是花在了别的事情上。而番茄工作法是让我们能在一个比较短的时间段里全神贯注地工作，并且成功率会更高一些。

我会在掐时间处理个人事情时使用类似的方法。比如现在是下午12点36分，我真的需要给我母亲挑选一份生日礼物，我就会对自己说："1点之前只专心挑礼物，然后再做其他的事情。"所以在那个特定的时间段里，我只专心做选礼物这一件事。我知道这个任务什么时候会结束，而且因为它有截止时间，就会更加敦促我去做这件事。

---

5. 犒劳自己

噢！这是我最喜欢的一个步骤。当涉及待办清单时，犒劳自己是很有用的，奖赏会让人更有动力去完成清单上的任务。我经常和自己做交易——比方说，如果我写完了这个脚本，我就可以浏览10分钟的脸书（Facebook）。结果我惊讶地发现，原来自己居然如此渴望完成所有事情，然后把它们从清单上划掉。

6. 提醒自己

我们无法记得每一件要做的事情，因为这是不可能的。所以别太难为自己，设置提醒就好了。我们很容易忽略写完的待办清单，也不会再去核对清单上的任务。但如果我们设置了提醒，就不会忘记核对清单上的任务了。我每天都会这样做，多次在 Outlook 上通过"发起会议"功能给自己发邮件，以此提醒自己要做的事情。除了手写清单，这些电脑上弹出的提醒也有利于我按时完成所有任务。

地点，地点，地点

你应该在哪里写清单呢？在你要实际使用这份清单的地方。你在哪里列清单和你为什么要列清单同样重要。

小包装，大作用

对于有些人来说，坚持使用便利贴大小的清单再合适不过了。我们每天的工作时间是有限的，能完成的工作也是有限的。所以为成功做好准备是有道理的。

√ 我之前提到过 dClutterfly 的组织者和创始人特雷西·麦卡宾，除了长清单，她也会使用便利贴（Post-it）来记录一些事情，方便她覆盖在原来的清单上。她解释说："我有一份主清单，是写在标准大小的纸上，然后我还会用便利贴对这份清单做补充说明，上面记录了接下来几天可以着手去做的事情。这样我就能更快地统计出一共需要完成多少事情。"

完成 3 件事可比完成 30 件事容易多了，这是个很简单的数学问题！特雷西的方法对于提升工作效率、策划社交活动甚至限制购物超支都很有用。不信？接下来就为你解答为什么要把待办清单限制在便利贴大小的范围内。

1. 便利贴的空间有限（只有 7.6 厘米 ×7.6 厘米这么大），这就迫使你要快速排出优先级。需要先把最重要的事列出来，以免写到后面空间不够用。

2. 你做完便利贴上所有的事情后，今天的工作就完成了，可以利用空闲时间好好放松一下啦！

3. 万事皆有可能，如果哪天你发现清单上只剩下"整理装袜子的抽屉"和"订阅 ListProducer.com"两项任务，你会很开心的。

4. 便利贴有粘贴功能！根据我当天的工作内容，我会把便利贴清单贴在电脑上、手机背面，甚至是洗手间的镜子上。有时一些简单的事情，比如把待办清单放在确保自己能看到的地方，也会提升工作效率。

5. 一张便利贴可以防止你在一天的工作中不断往里加新的任务。有时我感觉我永远都做不完清单上的事情，后来才发现是因为我在工作时不断往清单上添加新的任务，导致工作量翻了一倍。

你知道吗？

关于便利贴，你可能不知道的 6 个小知识

它们随处可见——既有五颜六色的正方形，也有半透明的小旗子形。无论你在哪，也许都能在周围看到便利贴。世界各地的人们都借助它们设置提醒、写待办清单、进行统筹安排。任何时候在我的桌子上、散落的纸上、文件夹上、杂志上，甚至是我的手机上，都有可能看到一堆便利贴。

但是你有没有想过这些便利贴是怎么来的呢？以下是关于便利贴的 6 个小知识：

1. 这种小型提醒物其实是在 1968 年被偶然制作出来的。（而不是罗米和米歇尔发明的。）

2. 斯潘塞·西尔弗是 3M 公司的一位科学家，他在 1968 年尝试制作一种超强黏合剂时发明了这种可重复使用的黏合剂。

3. 3M 公司的开发者阿瑟·弗莱将这种黏合剂用在了教堂歌本的书签上。最终在 3M 公司的支持下，他对这个想法进行了开发。

4. 最初使用的淡黄色纸张也是一个意外，这恰好只是用来测试黏合剂的废纸的颜色。

5. 便利贴于 1980 年上市。

6. 尽管市面上有很多不同颜色的便利贴，可淡黄色仍然是最畅销的颜色。

要么认真对待，要么干脆别写

大多数情况下，如果我要手写清单，都会选择使用笔记本。因为我喜欢笔记本自带的线条以及额外的空间，可以让我尽情书写。我有很多大笔记本，每个笔记本都对应不同的项目和任务。例如，我有专门为了写这本书而使用的紫色单主题笔记本，里面记录的都是采访要问的问题、章节提纲，以及标有截止时间的待办事项。工作中，我还有一本顶部是线圈的速记本，因为我是左撇子，如果用中间是线圈的本子，我的手有时会被线圈硌到。

我和特雷西·马克斯都喜欢便利贴，但是有很多想法需要记录时，便利贴就不是最佳选择了。另外，尽管它们便携且可以粘贴，但仍有可能丢失。（我会在第 8 章《利用智能设备：跟紧时代步伐，玩转新奇有趣的清单工具》中详细讨论你总是丢失清单该怎么办，这也是我推荐电子设备的原因。）虽然我也热衷于用电子设备来制作清单，但是手写清单还是有一些好处的。从某种角度来说，我认为手写的清单能够被我们更好地加以利用。

特雷西·马克斯指出："使用纸张和手机应用程序进行记录是有所不同的。记在纸上，你可以轻易地就拿起来看。但如果使用电子设备，你还需要先打开手机，然后登录进某个应用程序。也就是说在你得到所需要的信息前，还有好几个步骤要完成。但纸张就不一样了，它就在那里，我可以拿起来，可以反过来，可以触摸到它，也可以将它放进抽屉里。"

多年来，由于我更多地使用电脑和手机打字，我的书写能力逐渐变差，所以我尽量在工作的时候用铅笔在笔记本上手写待办清单。2013 年 8 月出版的《玛莎·斯图尔特生活杂志》（*Martha Stewart Living*）中，刊登了一篇题为《手写正在消失吗？》（Is Handwriting Becoming Extinct ?）的文章，作者乔安妮在文中引用了印第安纳大学的一项研究。

研究人员利用核磁共振对两组学龄前儿童进行了测试。一组儿童通过打字来学习字母和符号，另一组通过书写来学习。通过打字学习的孩子看不出字母和图形之间的区别，但另一组通过书写学习的孩子却可以。这就表明，比起打字，手写确实更有利于大脑学习和记忆。

我认为密码就是一个完美诠释这项研究的例子。我经常忘记密码，这令我很生气。因为我总是无意识地输入密码，所以我的大脑对它们没有任何印象。如果把它们都写下来，我相信能记得更牢。

第4章

事业清单：将统筹管理工作交给"清单秘书"

利用待办清单合理安排你的工作日，利用协作清单与同事默契配合、完成任务。工作清单帮你摆脱被烦琐的工作事项弄得焦头烂额的烦恼，使你向事业成功的顶峰迈进一步。

更新关于清单的博客时我发现一个持续碰到的主题，那就是成功人士每天都会使用清单。各行各业的首席执行官、总经理、总监都会使用清单。无论你从事什么工作，一份清单都能助你一臂之力。

用清单来安排一天

当你成为一个清单爱好者或者正在学习如何更好地写清单时，切记最重要的一点是你必须找到最适合的方法。我给出的方案未必都适合你，你必须根据自己的情况进行调整，从而让它们发挥最大的作用。

我的待办清单就是每天的"工作指挥中心"。它囊括了所有的工作任务、备注、提醒等等，但又分工明确、各司其职，不会让我感到混乱。别着急，听我细细道来。

我最近收到一封乔希的邮件，他在 ListProducer.com 上看到了我的博客。他在邮件中说："我非常喜欢列清单，并且发现它们很有用处。然而，有一点总令我困惑，那就是如何设置我的清单。我经常会卡在这一步。我想让我的清单看起来更有模有样，而不只是随手一写、随处一放。你是怎么设置你的清单的？"

好问题！我每天晚上离开办公桌之前，都会写一份清单。无论几点，也不管我的约会是否要迟到了，我都会写好清单再走。有时因为想到一些事情，白天我也会写这个清单。但不管白天还是晚上，我一定会在前一天就写完，因为我想早上到办公室后可以直接开始工作。我的清单就好比一张规划蓝图，让我知道今天都要做哪些事。这样我就不会在早上刚开始工作时就倍感压力，并且可以即刻去做需要先完成的事情。

我会把每一件第二天需要做的事情详细地列在工作清单上，这些清单都储存在我的速记本里，每一天的待办清单都独占一页。以下是我的列清单流程：

1. 最上面写日期，便于日后查询。

2. 把第二天要做的事详细写出来，即使是每天都要做的事也要写。相信我：干扰你的事情随时有可能发生，所以你需要这种额外提醒。再说，划掉你知道要做的事情会更有意思。

3. 根据截止时间排列优先级。我喜欢按照事情发生的顺序来列清单。比如，我有一个电话预约，那我就会在其左侧标注"上午 11 点"。这有助于我一整天都能保持专注。

好的！现在清单已经列好了，你觉得万事大吉了，对吗？不是的。因为我敢打包票还会有其他的事情发生。所以你要灵活变通，根据实际情况往清单里添加内容。我是这么做的：

1. **按需添加任务**。有时我已经下班回家了，但突然想起来有些事需要加到我第二天的待办清单里。我就会立刻在手机日历上设置一个提醒，这样第二天弹出的消息就会提醒我要把那件事加到清单里，但要确保设置的提醒时间不是在开会或者其他不方便的时间内。这样，当提醒消息弹出时，我可以立即添加任务，并且继续工作。

另外，在一天的工作中，会发生一些令人意想不到的事情。同样，也需要将它们添加到清单里，但是要花点时间把它们安排在合适的时间里。如果当天已经没有合适的时间做这些事，那就要看看能否安排到第二天去做，或者请别人帮忙完成。（我将在第 7 章《学会外包任务：不必万事亲力亲为，让他人助你一臂之力》中详细讲解如何外包你的待办事项。）

2. 提醒自己工作进行到哪一步了。 我会在笔记本左下角留出一个地方，专门记录我的工作进度。如果我因为别的事情要停下手头的工作，我会快速在左下角标注已经做到哪一步了，这样当时间允许时，我可以马上回归到那项工作中。这一招真是屡试不爽。

3. 私人事情单列一栏。 我的速记本中间有一道竖线，我会用左半部分记录工作事宜，用右半部分记录私人事情。毕竟想要将工作和个人生活完全分开是一件很难的事。在我们一天的工作中，可能需要外出，需要接电话，或者需要注意有些提醒。所以，右半部分就用来记录"去取款机取钱"或者"取干洗好的衣服"这样的事情。

4. 留一些空间给备注。 任何事情我都会添加备注，如电话、电视节目、杂志、八卦等等。我会用清单右上角的部分来记录当天的备注。这个备注可以是任何事情，从某人的电话号码到鞋子尺码都有可能。

待办清单结构图

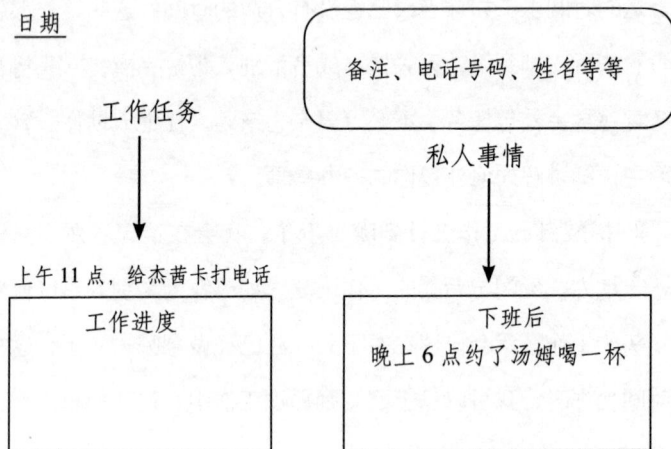

日期

备注、电话号码、姓名等等

工作任务

私人事情

上午 11 点，给杰茜卡打电话

工作进度

下班后
晚上 6 点约了汤姆喝一杯

　　我也会用便利贴，但不会用于记录待办清单。我都是在和其他人一起工作并且需要给出一些说明时使用便利贴。例如，当我移交一个项目时，我会在便利贴上备注 "这个周一要用" 或者 "请审稿"。当我想要别人采取什么行动时，我会把内容写在便利贴上。不过，我的确也会用便利贴记录具体和简短的待办事项。

◇◆◇

惊喜高效小贴士

如果有两三件事情是我下班后要去做的，我会把它们写在便利贴上，并贴在手机背面。事实上，有些聪明的设计师已经设计出那种可以完美贴合苹果手机的便利贴。有了由Paperback制造的这种便利贴，可以轻松实现随时在手机背面列清单。更多详情请登录 http://bit.ly/1qyWCHt。

我知道我的职场清单方案未必适合所有人，但这些方法值得一试。我之前提到过跑腿兔，他们致力于提供帮助人们完成更多事情的解决方案。该公司的首席执行官利娅·布斯克有一套不同的清单制作方法，她都是在早上列清单。我的博客上发表过她的特邀文章，她曾在文中说："我每天到办公室的第一件事就是坐下来列一份待办清单。另外在开管理层会议之前，我也会写一份备忘录，确保所有相关和热门话题都囊括在内了。"

安排会议

利娅提出了一个很棒的话题。你是如何安排会议的？当然是要利用清单啦！我有几个实习生会协助我管理博客以及写这本书（在本书的鸣谢部分列出了他们的名字），每一次我都会带着清单和他们交流。多花几分钟的时间想想此次会议的目的，会更有利于你专注在会议主题上。你曾经参加过多少个最终一无所获、毫无意义的会议？我遇到过很多次这种情况，简直都要疯了，因为这种事完全可以避免。

我真希望我可以为乔·杜兰工作。他是联合资本（United Capital）的合伙创始人，联合资本是一家不断壮大的财务咨询公司。我之所以认为乔有一个很棒的工作环境，是因为他不会在没有备忘录的情况下开会。如果你没带备忘录，他会将你拒之门外。我很喜欢这一点！他说："我的会议时间比过去缩短了一半，但会议效果却至少是之前的两倍。所以这样一算，效率提升了4倍。"

有一点要说明一下：备忘录并不是议程。这是两个非常不同的工具。备忘录上的事项很少会有改动。对于乔的员工来说，他们的备忘录一般会是更新上周会议事项、回顾客户战略、仔细检查即将开展的活动，诸如此类。这几条内容每周都会出现在备忘录上，即便有那么一周不需要讨论这些事情。

"没有备忘录，就几乎不可能有一致性，所以备忘录可以确保所有人一直在用同样的方式做事。"杜兰解释说。他在2010年读了《备忘录宣言》，之后就开始实施备忘录制度。

他对于备忘录的理念非常赞同，所以每一个员工都要读那本书。乔告诉我说，起初高管们对于备忘录还有些抵触情绪，但是现在大家都很认同这个工作流程，并且也会让他们的下属员工使用备忘录。杜兰说："我们的会议是非常紧凑的，因为大家都提前做好了准备。而且坦白说，准备备忘录这个行为也让作为高管的他们变得更加自律。"

协作清单

与别人一起共事本身也是一项任务。然而，我们可以用很多工具来把这项任务变得更加容易，让参与其中的每个人都可以负责、专注和高效。开会和确认进度有利于我们保证工作顺利开展，但我们可以做的还有很多。下面就为大家列举一二。

1. 分配任务。确认"谁来负责哪些工作"是非常重要的，这件事在项目开始时就要做好。这样就能确定一个主要负责人，无论项目做得是好是坏，他都要对此负责。

2. 巧妙利用软件工具。现在有很多软件都是为了提高团队合作效率而设计的，不妨试试它们能否帮助你的团队顺利运行。

印象笔记（Evernote）

印象笔记是一个集笔记、想法、清单于一体的工具，非常好用。它可以在智能手机或者电脑等多个平台上使用。而且它采用云存储方式，你可以在任何地方连接网络来查看和更新信息。

我很喜欢用印象笔记。我和我的实习生会用它来管理我的博客。我们会在上面共享文档。任何时候我们有了一个关于博文的想法，或者看到一篇喜欢的文章，都会放到印象笔记里。我们还会在上面为彼此制作待办清单，并且能很容易地查看还有哪些任务需要核对。

我在每周的电话会议前，都会用印象笔记制作一个会议议程。每个人都能看到这个议程，并且可以添加自己想要讨论的事项。

这样一来，大家就能关注到所有需要解决的事情。此外，还可以通过它回顾一周前的议程，来确认是否还有任何悬而未决的事情需要解决。

印象笔记还是一个协同写作的好工具。有时我想到一个博客的选题，例如"那些出现过清单镜头的电影"，我就会在印象笔记上写下我的想法以及电影名称等相关备注。然后我会让我的实习生去做相关的搜集工作并且把空白处的内容补充完整。当你在印象笔记共享备注时，请确保给每个人用的是不同颜色的字体，便于你知道是谁在做出修改或者给出建议。

印象笔记提供免费的服务，但如果你想添加一个企业账号，那就需要付费了。无论私事（将在第 5 章《家庭清单：保持热爱，生活琐事也能变得简单又甜蜜》中详细介绍）还是公事，我都会用印象笔记。所以对我来说，它物有所值。

谷歌文档（Google Docs）

我最近才开始使用谷歌文档，它的确很好用。我可以和多人共享表格和各种文档，可以查看是谁做了修改，并且添加备注和更新都很方便。我发现它在编辑文档和集思广益的时候特别好用。

Asana

有许多软件可以让多个团队共同管理一个项目，比如 Asana。

我在博客上发表了有关技术专家卡莉·诺布洛克的文章后，她向我介绍了 Asana。她会在 Asana 上输入她的待办清单，然后将工作任务分配给不同的人。

Asana 就相当于一个管理项目的看板，其主要作用就是给员工分配项目和任务，并且让大家能够便捷地分享自己的想法。有人完成一项任务后，就可以将这个任务标记为"已完成"，从清单中划掉，这样团队的其他人就都知道这项任务已经完成了。每项任务都可以设置一个截止时间和提醒。这个方法有效地确保了责任到人，并且无须细节管理就能查看工作进度。

另外，它还有一个功能是团队成员彼此可以发送关于具体工作任务的消息，这些沟通记录都会被保存下来，并且每个人都能看得到。这是一个很棒的功能，可以让你避免来回收发邮件，之后也不用再通过搜索来查看相关回复内容。你还可以上传某个任务的相关文档，并且创建子任务。

如果你正在创建一个备忘录，那设置子任务就很重要。假设你现在有一个新的客户或者员工，欢迎他们加入的流程都是一样的。你的初始设置也总是一样的，并且你已经有一份关于这些初始设置都包括哪些内容的备忘录。那你就可以创建一些子任务，分配给团队中不同的人，让他们来跟进执行。

当有新的实习生加入时，我总是会做同样的事情：

1. 创建一个电子邮箱地址

2. 确认工作任务和职责

3. 创建印象笔记的账号

4. 其他

如果需要的话，我可以把这些任务添加到 Asana 上，然后分配给别人来处理。每件事都是责任到人，便于查找，而且我能知道这些任务都是什么时间完成的。

你还可以把一些信息统一存储在一个地方。如果你需要记住某一个客户的密码、用户名或者 FTP 地址，Asana 就是一个存储这些信息的好地方。

除此之外，还有一些其他的管理系统，比如 Basecamp 和 5pm，但我最常用的还是 Asana。

3. 充分利用低技术含量的解决方案。我最早在新闻编辑部工作的时候，我们会用一块很大的白板来记录新闻报道相关的事情。责任编辑会在上面列出哪些记者已经被外派采访，还会标明跟拍摄影师是谁、拍摄地点在哪，以及截止时间。这些信息在白板上一目了然。对你和你的团队来说，这种方法或许也是管理日常和长期项目的好方法。

手写待办清单也是一种方法。琳赛·加内特是营销专家公关公司（Marketing Maven Public Relations）的总裁兼首席执行官。我和她聊天时得知她会为每个员工列一个初步的待办清单。她说："我会创建一份自己的主清单，然后让我的团队根据这个清单添加他们自己相应的清单，这有利于他们管理各自的团队、安排工作的优先级，并且确保没有遗漏任何事情。"

———————— ◇◆◇ ————————

利用清单管理项目

一旦你的待办清单上有了一项任务，你就需要付诸行动。我建议你制作另一份清单。（我懂，我这个建议不太环保，会有数百万棵树因为用纸需求而被砍伐。但是我们可以"变得数字化"，我将会在第 8 章《利用智能设备：跟紧时代步伐，玩转新奇有趣的清单工具》中详细讲解。）

假设你的任务是写一本书。这是一项艰巨的任务（相信我，我现在是有发言权的），需要被分解成多个步骤来完成。想要完成这一任务，你必须明确需要做的每一件事。比如：

✓ 头脑风暴，产生各种想法

- ✓ 询问人们对这些想法的意见
- ✓ 对这些想法进行调整
- ✓ 学习如何写一份出版计划
- ✓ 写出版计划
- ✓ 找一个著作出版经纪人
- ✓ 找一个出版商
- ✓ 写这本书

就算到了最后一步，你可能还会有更多细节方面的清单要列。如果你要写一本书，应该想清楚如何去写以及何时有时间真正静下心来去写。你明白我的意思吗？不是所有的待办事项都很简单，有些事是需要多花一些心思的。这也许就是真正把事情圆满完成的关键所在。有人总是和我说："我从来不会检查待办清单上的任何事情！"这或许就是他们没能将清单上的目标付诸行动的症结所在。如果你按照我建议的方法去做，我确信你会更加成功！

◇◆◇

你知道吗？
雅虎的首席执行官玛丽萨·迈耶是清单爱好者

她曾对 Mashable.com 网站说，她会用待办清单来划分事情的优先级，并且从她的大学朋友那里得到启发，把事情按照从最重要到最不重要的顺序排列。但是她的朋友并没有因为那些没完成的事而感到不知所措，反而会因为无穷无尽的清单而感到开心。

迈耶曾在 Mashable.com 网站上发表的文章里解释说："如果我真的做到清单上的最后一件事，那我会觉得很失望。因为想想那些排在清单最后面的事情，它们真的不应该占用我太多的时间。"她还接着讨论了她有多不愿意花太多时间在不重要的事情上。（资料来源：http:// on.mash.to/1zdHUec）

第 5 章

家庭清单：保持热爱，生活琐事 也能变得简单又甜蜜

规划好家庭相关清单，把控自己完成任务的时间，学会给你的清单"踩刹车"。你和家人拥有健康的体魄、享受无忧的周末时光是无比重要的。

处理好家庭生活的方方面面真的是每天都要面对的难题。比如要预约医生会诊、改造厨房、进行理财、去干洗店拿衣服，还要留出足够的时间做晚饭，我们的生活总是在满负荷运转。利用一点清单思维可以让我们更好地处理这一切。

首先，我们来谈一谈如何规划一天。对于我们许多人来说，只有在周末才有时间处理家庭相关的事情，因为我们在工作日都要上班，那么充分利用周末时间就变得非常重要。我们必须做好规划，否则周末转瞬即逝，最后只剩下一份写满任务却未能完成的待办清单。

以下是我管理家庭待办清单的方法。我在创建家庭待办清单的时候不会像对待工作清单那么严谨。同样，我也有一个笔记本专门记录所有相关的清单。通常是记者常用的那种笔记本——又窄又薄且自带横线的笔记本。我一直把它放在我的书桌上。所有需要在第二天、下周、下个月完成的事情，我都会记录在这个笔记本里。只要打开它，我就能看到所有的事情。

然后，如果需要的话，我会单独列每一天的待办清单。通常我会在休息日做这件事，这样我就可以尽可能多地处理主清单上的事情。我会看一下主清单上的事项，然后想想看哪些是需要在当天完成的。如果干洗好的衣服已经在干洗店放了一周多，那么就要优先处理这件事。我会在清单上设置截止时间，把需优先处理的事情排在前面，不太重要的事情排在后面。这样一来，我没有完成的事情自然就会被排到另外一天的清单首位。

这项任务最重要的环节之一是实事求是，要想清楚你有空的时候真正能完成的是什么事情。判定完成一项任务到底需要多长时间真的能帮你不少忙。相信你肯定经常听到别人说"我5分钟后就到"，但实际上20分钟才到。一定要实事求是地判定到底需要多长时间，这样你才能完成更多的事情。

知道何时给你的清单"踩刹车"也很重要，不是所有事情都能在一天做完。健康行为学顾问海迪·汉娜告诉我，当她意识到"今天不可能做完所有事情"的时候，她的人生就此发生了改变。她说："我的'足矣清单'让我在早上知道我会在中午完成这份清单上的事情，然后我就可以做一些放松的活动，或者外出办事，抑或是任何其他的事情，因为我已经做完今天该完成的任务了。"

与他人共享清单

你需要依靠别人帮你完成一些事情的时候要怎么做呢？分享你的清单。最简单的方法就是把你的清单对半撕开，将其中一半交给你觉得能担此重任的人来做。当然，你也可以用一些更先进的工具进行分享。

我之前已经讲过如何使用管理工具 Asana 来处理工作任务的相关内容（请参考第 69 页）。不过，它也可以用来管理家庭生活方面的事务。首先，确保你"团队"的每个成员都能获取同样的信息。这样无论是想讨论去药店买药还是去儿科医生那里看病，每个人都能为此做好准备。还有很多其他的应用程序也可以帮你共享清单，从而完成更多的事情。（我将会在第 8 章《利用智能设备：跟紧时代步伐，玩转新奇有趣的清单工具》中详细讲述这一点。）

超市购物

也许你像我一样，每周要买的东西都是一样的。牛奶、英式玛芬、草莓、蓝莓、树莓、苹果、香蕉、午餐肉、面包等等，我每周无一例外都要买这些东西。我为什么不把它们写下来呢？这样我就不用去记需要买什么东西了。这个方法完全不用动脑筋。如果你没有提前计划好就去逛超市，肯定会花费更多的金钱和时间。

我知道你们都有过这样的经历。因为觉得牛油果看起来很新鲜就买回家了，但是拿回家却放在厨房一直没有吃，直到它慢慢腐烂。这多浪费啊！带着购物清单去购物会让你在经过一排排货架时目标更明确，也会让你更有效率。因为你只会关注你需要买的东西，这样就能以更短的时间结束购物。

以下是创建有效购物清单的方法：

1. 多花几天时间制作清单。在一周的时间里，我和我的丈夫会把我们用完的物品或者想起来需要买的物品添加到购物清单上。一旦我们发现需要什么东西，立刻记在清单上，这样就不会忘记了。

2. 把清单放在一个固定的地方。我会把我的购物清单放在厨房柜子的抽屉里，这样当我需要更新内容的时候就知道要去哪找那份清单。虽然这样做还是可能会出现两个问题，一是忘记有这样一份清单，二是想要添加内容时清单却不在手边，但我已经找到解决问题的方法了。（我将会在第8章《利用智能设备：跟紧时代步伐，玩转新奇有趣的清单工具》中详细讨论这一点。）

我还发现一点，如果我喜欢要书写的这张纸，那我会更愿意使用它。如果你恰好和我一样也喜欢信笺纸，那这一点也许会是另一个促使你创建购物清单的动力。

3. 购物之前做好膳食计划。在走到附近的超市之前（我们住在纽约市，所以步行就能到），我和我丈夫会讨论这一周都想要做什么菜吃，然后我们就只把需要的食材添加到清单上。那样，我们在穿过一排排货架时就可以减少漫无目的的闲逛，也能避免把钱浪费在我们不需要的食物上。另外，这也可以在我们工作一天、已经不想再考虑任何事情时，减轻思考压力。这样一来，这一周的备餐任务也就变得轻而易举了。

做膳食计划其实没有那么复杂。以下三点教你如何轻松应对：

✓ 把你和家人喜欢吃的所有食材和菜肴都列在清单上。这样当你需要备菜时，这就是一份可以快速参考的指南。记得要把这份清单放在一个便于你查找的地方。

✓ 平时搜集一些菜谱，并且把它们都保存在同一个地方。你可以把从杂志上剪下来或者从网站上打印出来的纸质菜谱集中放在一个文件夹里。当然也可以借助电子设备搜集菜谱：把这些菜谱都保存在一个方便你找到的地方。（我习惯用印象笔记来记录菜谱，我会在第 8 章《利用智能设备：跟紧时代步伐，玩转新奇有趣的清单工具》中详细讲述这一点。）

✓ 使用膳食计划服务。是的，现在是有这种服务的。像 Emeals.com 或者 TheFresh20.com 这样的网站都会为你设计菜单和购物清单，但是需要付费。一开始你可能会觉得这太荒唐了，但你仔细想想，这项服务其实是为你节省出计划餐食要付出的时间和精力，让你免受膳食计划带给你的压力。你能做某件事并不意味着你应该去做这件事。（我会在第 7 章《学会外包任务：不必万事亲力亲为，让他人助你一臂之力》中详细讲述这一点。）

4. 网上购物。FreshDirect.com 是我每周最喜欢的便捷采购网站。你可以在网上浏览商品，然后将所需的物品都记下来。他们甚至还提供预先制作好的菜肴和菜谱，这一点很棒，为你节省了很多挑选的时间，这样你就可以用省出来的时间去做其他更有用的事情。

我还会把平时最爱吃的菜的配料都列一个清单。比方说，我经常做火鸡汉堡。我会把配料清单保存在 FreshDirect.com 网站上，而不是每次都现想需要准备哪些配料。保存好这个清单之后，我只要点击一下鼠标，所有需要的配料就会自动添加到我的购物车里。

虽然网购会有配送费，但是办理包月送货卡就可以享受折扣。FreshDirect.com 只在纽约市提供服务，但你可以在网上找到你所在区域提供这种服务的商家。此外我还喜欢用 Peapod.com、WeGoShop.com 以及 NetGrocer.com 这几个网站。

管理好你的财务

啊！我讨厌数字。尽管它们让我感到焦虑，但关于它们的重要性我却能说上几天几夜。一言以蔽之：管理好财务有利于你做出更明智的决定并且拥有更多的财富。如果你忽视财务管理并且想要逃避这件事，那只会是掩耳盗铃、作茧自缚。如果不明白，可以去问苏茜·奥曼，她会告诉你答案。知识就是力量。

还记得我在第 4 章《事业清单：将统筹管理工作交给"清单秘书"》中提到的财富咨询公司联合资本的创始合伙人乔·杜兰吗？他不会在没有备忘录的情况下开会，想起来了吧？他也是《纽约时报》畅销书《财富密码：即刻改善你全部的理财方式》（*The Money Code : Improve Your Entire Financial Life Right Now*）的作者。

这是一本能帮助人们做出明智理财选择的书，并且是以寓言故事的形式来撰写的，所以非常通俗易懂。即便是像我一样不喜欢数字的人，也能看得进去。而且这本书里还包含了一份备忘录。乔认为，对于个人理财，你要记住最重要的一点就是在做决定的时候不能感情用事。这一点说起来容易但做起来难，对吧？别担心，一份备忘录就可以助你一臂之力。

乔说："在它变成一个难缠的又亟待解决的问题之前，（你要）创造一种冷静、理智、安全的方法来应对挑战或者处理问题。"

乔和他的妻子创建了一份每周六早上都会一起讨论的清单，并且给它取了一个名字，叫"周六早晨签到表"。他的妻子会在这份清单上记录所有需要讨论的重要事项，例如社交时间安排、财务预算、孩子们的教育以及其他事情。这个会议使他们每周都有专门的时间来共同商议和确认一些事情。乔说这样做还可以避免他们在工作日的时候发生一些无谓的争吵，因为他们知道，无论如何，这些问题都将会在周六得到处理。

日常财务管理

我一直都很注重减轻压力，而当涉及压力的问题时，就不得不提到一个词语——金钱。而我们犯的最大的错误之一就是完全忽略了财务管理。WealthySingleMommy.com 网站的商业与个人理财作家兼博主埃玛·约翰逊说："不去处理财务问题是导致焦虑的罪魁祸首。所以，你必须面对它，并且把这件事提上日程。"

网上银行。如果你还没有网上银行，我建议你试一下。这是一个可以随时查看银行账户的好方法。通过网上银行你能查看支票是否兑现，还能让你系统地管理账单，这对你非常有帮助。我一收到账单通知就会去银行的网站办理预约付款，这样一来我再也不用担心会逾期支付了。

埃玛·约翰逊建议尽可能多地设置自动支付，可以先从设置那些很少有变化的支出开始，比如租金、房贷、水电费、车贷。她说这样做能减少你的焦虑，因为你不用一直关注支付截止时间，一到期就自动支付了。

管理债务。如果你有借款，应该将这些费用列一份清单，以便统筹管理。隐瞒这些信息并不会让债务消失，所以你最好还是认真对待。

留存发票。留存发票会让你在管理支出和纳税时更加轻松。不管是用手机记录还是用文件夹存储，将所有的发票信息集中放在一个地方是关键。

埃玛·约翰逊仍然使用老式的发票系统。她用马尼拉文件夹来保存所有的私人和商务发票。当然你也可以使用专门的应用程序或者网站来记录相关信息。（此外，我在第 8 章《利用智能设备：跟紧时代步伐，玩转新奇有趣的清单工具》中也会详细讲解这一点。）

做预算。当你坐下来将所有支出列在一个清单上，你会更容易看出花在哪些方面的钱不是刚需支出。我的意思是如果你想要削减成本，你可以把所有开支项摆在面前，这样会更容易发现也许你根本不需要花钱订阅杂志。

许可清单

约翰逊还建议在做预算的时候制作一份"许可清单"。我很赞同这个观念。这份清单上列出的是所有你允许自己购买的东西，这些东西都是你需要或者真心想要的。列这份清单最重要的一点就是你要实事求是。

她说："如果你知道这个东西你确实需要、确实会穿，或者是真的用得着的化妆品，那就值得购买。但如果你买来并没有穿，那就算不上是一笔有价值的交易，因为你的钱白花了。"我和约翰逊分享了自己许可清单上的一项：雇一个会计来帮我报税。这一点她的清单上也有。约翰逊告诉我："我在面对报税时的勉为其难和拖延怠惰会让我严重感到压力过大和情绪焦虑。所以，雇一个会计来做这件事完全是值得的。"

让纳税变得简单

说到纳税季，这应该是每年人们最头疼的一段时间。如果你在这一年里一直都认真整理相关资料，那你就不会觉得压力太大。我每年都会列一份报税需要的文件清单：

  ✓ W2 表格（逐条列出每一项工作）

  ✓ 1099 表格（逐条列出每个账户）

✓ 税务扣除清单（包括工作相关的费用和慈善捐款）

✓ 其他

如果你全年都按照这份清单有意识地去搜集相关资料，那 4 月 15 日快到的时候，报税就会变得轻松许多。我每年都是一拿到相关文件就会把它们搜集起来，最后把整个文件夹交给我的会计去处理。平时的点滴积累，终会变成一份大礼回馈给你。

清单助你更健康

清单不仅可以用于治疗，还能让你注意身体其他方面的健康检查。我在博客上写的首篇文章就是关于医生如何利用备忘录增强手术效果。我有一个朋友叫凯特，和我们全家关系都不错。她看了我的博客后给了我很棒的反馈。她是一个全职老师，也是三个孩子的母亲。她说有一份清单实际上救了她一命。

是的，你没听错。将事情写下来这个行为提醒她去做了一件至关重要的事情，而这件事延长了她的寿命。不可思议，对不对？她跟我说，照顾孩子、工作以及生活让她一直马不停蹄地连轴转，不得空闲。但恰好是一份待办清单给了她一丝空闲，并且提醒她预约医生做年度体检。

她在给我的反馈中写道："我体检时发现体内有癌前病变的情况，我的医生采取了护理和预防措施，从而进一步降低了我后期发展成乳腺癌晚期的概率。谁能想到就是一份简简单单的清单提醒我打了这个预约电话，并且让我有时间见了医生，最终救了我一命？然而，它的确救了我一命。"

梅拉妮·扬是一名癌症幸存者，著有《把心事说出来：以最好状态勇敢面对乳腺癌的幸存者指南》（*Getting Things Off My Chest : A Survivor's Guide to Staying Fearless and Fabulous in the Face of Breast Cancer*）。她的抗癌之旅始于朋友送的笔记本。还记得梅拉妮吗？她就是那个用清单记录自己每年都完成了哪些事情，以及想在元旦去哪个地方过生日的人。

她解释说："（我的朋友）说一定要保存好这个笔记本，并且把它当成工作清单来用。她给我列了一些需要问医生的问题，我拿着她列的这些清单并带着其他问题咨询了一些医生，然后又在寻找乳腺外科医生时咨询了所有遇到过的医生。从那时起，我就养成了列清单的习惯。"

事实上，因为列了太多清单，梅拉妮决定自己写一本书来帮助那些刚被诊断为乳腺癌的患者，以此给予她们更多的支持。许多朋友在被诊断为乳腺癌后都会向她要当时就医的那些清单。因为她做了很多研究，并且对其进行了整理，所以她的清单是非常有参考价值的。

在就诊时带上一份清单会有助于你保持专注，并且能使你在离开时得到需要的所有信息。我曾经在离开医生办公室之后才意识到："哦，我本来还打算问这个问题的。"但如果你是一个具有清单思维的人，你肯定会写下你所担心的问题，并且在下次会诊时带着这份清单，让医生来解答你的疑虑。

对于例行检查和一些主要的健康问题，清单同样也能助你一臂之力。梅拉妮说："我发现列清单对我和与我一样经历过彷徨的朋友来说都很有用。"清单就是"能让你查看和保持专注的东西"。

每年伊始，我会做一份清单，上面会列出这一年我需要在哪几个月预约哪些医生。然后我会在日历上设置好相应的提醒，这样我就再也不能以忘记为借口而不去检查了。做好预防能救我的命，你也不例外。

健康食品清单

我之前已经写过膳食计划的好处，不过我当时没有提及这一点也能让你变得更健康。如果你是在家吃饭，就会摄入更少的卡路里，吃的量也会更少，而且更省钱。这样一看，用清单做膳食计划大有裨益。

营养学家喜欢把"写食物日志"作为一种健康饮食的工具。营养学家帕特里西娅·班南在她的著作《时间紧迫更要吃得正确》（*Eat Right When Time Is Tight*）中写道："研究表明，把你要吃的食物以及什么时间吃写下来，有助于减肥，而且还会让你更有可能做出健康的饮食选择。"

我大学的一个室友曾经把她爱吃的零食都列在清单上，我当时觉得她疯了。但是现在回想一下，她真的很明智。只花几分钟把你喜欢的健康零食写下来是很实用的规划，这样当你很饿的时候，就不用苦思冥想要吃什么。你可以从你的清单上快速选择一种健康的零食，而不是随手拿起薯片或饼干充饥。

海迪·汉娜为人们提供营养、能量和行为三者之间关系的咨询。她也告诉她的客户要列一个零食清单。她说："当我们有太多选择的时候，我们的大脑会因为信息太多而变得不知所措，也就是所谓的'分析瘫痪'，从而导致我们无法做任何事情。"

信息超载

这个观念适用于生活的各个方面。汉娜建议工作 50 分钟后就休息 10 分钟。这 10 分钟你会用来做什么呢？不妨把你喜欢做的事情列一份清单，这样你休息时就不用再花额外的精力去想要做什么了。以下几项供你参考：

- ✓ 浏览 Facebook
- ✓ 散散步
- ✓ 到 YouTube 上看一些"萌宠"的视频
- ✓ 做一下拉伸运动
- ✓ 给父母打个电话
- ✓ 翻阅杂志

提前考虑一下有助于减轻压力。

你知道吗？

减少决定就能减轻压力——
即便是总统的穿着这样的事情

美国前总统奥巴马给《名利场》（*Vanity Fair*）的迈克尔·刘易斯透露了一个小秘密。奥巴马和他说自己只穿灰色或者蓝色的西装。在 2012 年 10 月发布的文章中，前总统奥巴马在采访中说："我正在尝试减少决策的数量，我不想在饮食和穿着上做决定，因为我有太多的决策要做。"

他意识到做决定是一件非常耗费脑力的事情，所以他喜欢把工作变得更加常规化，从而可以把精力集中用在重要决策上。事实上这个方法是奏效的。你可以试试这样做：连续一周每天晚上都把第二天要穿的衣服准备好，而且无论如何都不要改换别的衣服。即使是下雨或下雪，也不要改变这个计划。看看这样做你的早上会变得多轻松。对我来说，这样做可以减轻不少的压力。如果有哪天我没有这样做，我出门前就会因为要试穿不同的衣服而变得慌慌张张。美好的一天可不应该以这样的方式开启。

第 **6** 章

社交清单：完美掌控气氛，成为 "轻松说、说得对" 的社交达人

提前计划，调整你的沟通方式、言行举止，可以让你在各个场合都成为"社交天才"。社交清单也能帮你策划好人生中每一场重要的活动，记录每一次难忘的旅程，不留任何遗憾。

规划社交生活是我最喜欢的清单用途之一。无论是聚会、活动还是旅行，甚至是一个电话，我都会用清单让自己变得更有条理，并且确保做到万无一失。

朋友间的清单

每个人都有自己忙碌的生活，因此有时候很难和朋友见面聚会。但是维护人际关系对我们的思想、身体和心灵都有好处。梅奥医学中心研究表明，友情可以提升幸福感、减轻压力，还能帮助我们度过人生中的艰难时期。

你有多少次在开心地和朋友聚完会之后才想起来"哦，还有一件事我忘了说"？这种情况以前在我身上发生过，所以我现在和朋友聚会时都会带一份清单。当我知道要和某个朋友见面时，我就会把想要告诉她的事情写下来。有时候我会在笔记本上单独记录一页，或者在某个应用程序里为这个朋友创建一个专属清单。我会在清单里写下所有我觉得值得和朋友分享的事情。例如，我碰巧发现了一个新的很喜欢的指甲油颜色，并且我认为我的朋友也会喜欢这个颜色，我就把这一点记到清单上。无论是搞笑的还是严肃的事情，都会被记录在清单上，而且对我来说把它们记下来非常重要，否则我肯定记不住所有想要分享的事情。

曾经有段时间，我有一群朋友接受了这个列清单的方法，并且亲身实践，享受其中的乐趣。无论何时相约聚会，我们都会提前以接龙的方式给彼此发邮件，把所有想在聚会当天分享的内容写在邮件里。我们给每一件事都起了一个有趣的标题，并且会在那天晚上把大家列的事情交叉混合后放在一起分享。这是一个有趣又实用的聚会方式。当我第一次提议这样做的时候，我想他们当时一定觉得我疯了，但是最后，他们变得和我一样重视这份清单。

以下是你应该考虑为下一次朋友或者家庭聚会列一个议程的几点原因：

- ✓ **不偏离聚会主题**——尤其是在聚会时喝酒的情况下。（喝酒后很容易就把话题越扯越远，然后再也回不到更重要的事情上。）
- ✓ **帮你记住所有事情**——要么在聚会前花几分钟列一下清单，要么平时你就有这么一份清单来随时记录想说的事情。
- ✓ **建立大纲**——这样你就又少了一件需要考虑的事情，当开启一个话题时，那个人就可以按照议程往下进行。

打电话时也可以用清单

随着我们进入数字化时代，大家打电话的次数越来越少。研究表明，2012 年的信息发送量达到 8 万亿条。"8 万亿"！很多人不打电话是因为只要输入几个词或者几句话就能传达讯息，这要比打电话方便多了。但是多做一点额外的规划和整理工作，就能让你找回正确的打电话方式。

我的一个朋友告诉我，她给她妈妈打电话时，总是觉得没有什么可说的，这让她感觉很苦恼。我想我们可能都有过这样的情况。当需要你开口交流的时候，你的大脑却一片空白，不知道要说什么。这时一份清单就派上用场了。我建议她在通话之前，如果想到有什么重要的事情是想要和妈妈分享的，就把它们都写下来。于是她开始列清单，并且在下次和她母亲通话的时候分享了她生活中发生的点点滴滴。这一次她感觉很好，因为她和父母有了真正的沟通交流。而且她妈妈也说，这是这么长时间以来感觉最好的一次通话。我的朋友告诉她妈妈，这是因为她打电话之前列了一个清单。不要觉得带着这份清单打电话就好像是作弊一样，这没有什么好羞耻的——尤其是当它能让你和妈妈在电话里更好地沟通时。试试吧！

计划完美旅程

巴黎是我最喜欢的城市之一，所以当我和我丈夫杰伊有机会去巴黎拜访朋友时，我们毫不犹豫地抓住了这个机会。妮科尔（我之前提到过的行李打包奇才）和彼得是纽约人，他们决定去巴黎住 3 个月，因为他们太喜欢这个城市了。我们只有 3 天时间和他们见面——但是这 3 天的行程安排会很满。这是杰伊第一次去巴黎，所以我们真心希望能把热门景点和小众景点都安排到行程中。

和我一样，妮科尔也是个喜欢规划的人，所以我们很快就开始计划旅程了。在通了无数封邮件之后，我们放弃了一部分想做的事情，并把最终版的待办清单保存在印象笔记（请参考第 67 页）里。

- ✓ 品尝芝士火锅
- ✓ 享受美味的葡萄酒
- ✓ 参观卢浮宫——只参观重点部分
- ✓ 在卢森堡花园野餐
- ✓ 吃牛角包
- ✓ 乘坐赛格威游览巴黎
- ✓ 坐船游览塞纳河
- ✓ 吃可丽饼
- ✓ 在巴士底日看烟花表演
- ✓ 在拉杜丽品尝马卡龙
- ✓ 在户外欣赏一场肖邦音乐会

接下来，我们开始把这些想做的事情安排到详细的每日行程中。我们不会把在卢森堡公园野餐和在拉杜丽品尝马卡龙安排到一天，因为这两个地点之间的距离较远。这些因素都是我们规划时需要考虑在内的。我们第一天的行程如下：

周五

上午 8:30：飞机降落在（有时阳光明媚的）巴黎。

上午 9:30 至下午 1:30：办理酒店入住，稍作休息。

下午 1:30：一起去拉杜丽实现我的第一次马卡龙之旅，然后步行去香榭丽舍大街 75 号。

下午 2:00 至 4:00：在酒店附近享用一顿丰盛的午餐，然后步行去皮埃尔沙龙街 64 号的维多利亚咖啡馆。

下午 4:30 至 5:30：在香榭大道乘坐地铁 1 号线坐 Batobus 公司的水上巴士游览塞纳河，从巴黎市政厅那一站上船，坐到巴黎铁塔站下船，然后就在附近逛逛。

下午 6:15 至 9:30：骑平衡车观光。在埃菲尔铁塔附近租车，到埃德加富尔街 24 号归还平衡车。

晚上 10:00：在埃菲尔铁塔或者特罗卡德罗广场观看埃菲尔铁塔的灯光秀。

晚上 10:30：在位于特罗卡德罗广场的法国餐厅 Malakoff 吃晚餐。

最后乘坐地铁或打车回酒店休息，结束一天的旅程。

有人可能会说："轻松点，你是在度假！为什么把行程安排得这么满？"我完全明白他们的意思，但是有了这个行程规划就可以节省一部分时间和金钱。我发现提前做好攻略和规划是一种更好的旅行方式。当然，如果需要临时改变计划，我们也可以灵活应变，但行程规划让我们可以在较短的时间里体验清单上想要做的每一件事。我们提前查好了菜单、价格、博物馆开放时间，这样在旅行时就能更加放松地去享受当下，因为所有令人头疼的准备工作我们都提前做完了。

――――――― ◇◆◇ ―――――――

惊喜高效小贴士
电视制作人的时间管理秘诀：
时间倒推法

在电视新闻行业，时间节点就是一切。制作人、主持人、记者、摄影师、编辑要在非常严格的时间限制内工作。有时候需要将各个新闻快速组合在一起，这就让时间管理成了这个行业的制胜法宝。10多年的电视新闻行业从业经历已经让我习惯了在日常生活中利用时间管理来提高工作效率。

时间管理

我的时间管理技巧之一叫作"时间倒推法"。这个技巧可以确保所有报道都能符合节目时长要求，这样节目就能准时结束。具体操作是这样的：执行制片人会根据内容的重要程度给每篇报道分配一个预估时间，所有预估时间加起来就是整个新闻报道的时长，我必须保证这个时间范围可以涵盖当天发生的所有类型的新闻，比如运动、天气、娱乐等等。

在新闻播报中还有许多来回切换画面的部分：直播镜头，演播厅嘉宾，不同来源的视频播放，记者、主持人、采访原声等等。每晚都要把这一切统筹安排好绝非易事。如果你看过晚间新闻，就知道每晚我们都是这么做的。

时间倒推法的好处

时间倒推法是一种往前倒数的方法。意思就是如果你有一个小时的节目时间，那你就从最后一条新闻报道开始往前倒推，一直推到节目开始的时间，这样就把整个时间线都串起来了。

在直播的时候，你需要抓住一些特定的时间点。如果失败，你就得做出一些调整——比如从体育新闻中匀出一些时间，或者把一篇关于可爱兔子的报道删掉。你必须灵活处理，才能让节目在要求的时间内顺利播出。

幸运的是，现在有一些电脑程序可以帮助制片人来倒推时间。但是我刚开始做这行的时候还没有这项技术，所以我只能手动做这件事。虽然我讨厌数学，但这个方法的确很有用。

用时间倒推法倒推人生

这个方法和我们的日常生活有什么关系呢？基本上你可以用这个方法规划任何事情或者活动。我在规划婚礼时就用了这个方法，此外，我在外出办事和规划旅程时也会用这个方法。

以下是具体步骤：

1. 想一下你总共有多少时间来做这件事或者这个活动。
2. 从活动的结束环节开始往前倒推所有环节。

3. 预估每个环节需要的时间。

4. 如果你倒推完后发现无法在既定的时间内完成所有的事情，那就要做出相应的调整。

5. 严格按照计划执行。

当你要带小孩出门的时候，这个方法也能派上用场，因为带孩子们出门有太多东西要拿。你需要提前规划，想清楚出门前要做哪些事情，然后往回倒推看看每件事需要花多长时间，这样做你就能按时出门了。时间倒推法可以应用于任何事情或者活动，而且它也有助于减轻压力和节省时间，因为这个方法会让你的效率变得更高。

我人生中最大的派对

作为一个策划者，我觉得协调自己婚礼的各项事宜是一件很有趣的事。杰伊和我是在波多黎各旅行结婚的，因此在遥远的纽约做各种婚礼事宜的准备工作绝对是一件勇气可嘉的事情。而清单便成了我的救命法宝，我几乎每件事都会列一份清单：

- ✓ 宾客名单
- ✓ 供应商和场地的资料清单
- ✓ 制作欢迎礼包需要提前邮寄的东西清单
- ✓ 行李清单
- ✓ 周末婚礼的宾客流程

虽然有些人会赞成你在热带或者其他有趣的地方举办婚礼，但是也要做好听到反对意见的心理准备。一旦你不再介意任何反对的意见，就可以确定邀请哪些宾客，并为你之前做的大量计划做好准备。当你规划人生中最重要的事情之一时，保持条理清晰是关键所在，否则你只会倍感压力，体会不到任何乐趣。

1. **选择目的地。** 你选择去哪里旅行结婚（或者选择任何婚礼地点）的时候，有太多事情要考虑了，应确保大多数宾客都能比较方便地到达你选择的地点。朋友们去参加你的婚礼，不仅付出了很多时间，还会花费一笔不小的费用，所以要对他们好一点。可以查一下在周末参加完你的婚礼后，还有什么活动也许是他们可以参与其中的。你不必为他们做详尽的规划，但是可以贴心地给他们提供一些选择。

2. **选择供应商。** 这是你远程策划婚礼时将遇到的最困难的事情之一。我能给出的最好的建议就是有时可以碰碰运气——但你自己也要好好研究功课。如果你决定找一个婚礼策划师（我们是这么做的），这可能是你为婚礼花的最值的一笔钱。婚礼策划师都是定居在当地的人，与各种供应商都有合作。如果你信任你的婚礼策划师，他们的建议应该都是不错的。你也可以找找看有没有在同一地点举办过婚礼的夫妇，问问他们有没有推荐的供应商名单。

3. **面试供应商。** 你必须事先和你的供应商开会，无论是以电话还是亲自见面的形式。准备好你的问题清单，并且要求和他们之前服务过的一些新娘交流一下，因为她们的经验可以帮你尽量策划一场最佳的婚礼。

4. **放松。**在海岛举行婚礼意味着整体氛围都会比较悠闲。你要知道不是所有供应商的工作节奏都和你是一样的。我作为 A 型人格的纽约人是很难理解这一点的。我有时候会感到一些恐慌："我 15 分钟以前就给他们发了邮件，但是现在还没收到回复。"海岛的工作节奏就是如此悠闲。学会适应，你就能更快乐。

5. **列行李清单。**准备一份详细的行李清单可以避免出现让你头疼的事情。因为你有很多要记的事情，所以早点开始记录比较好。如果你需要一些关于旅行结婚方面的帮助，我在我的博客（ListProducer.com）上和本书清单索引部分（第 154 页）分享了我当时的行李清单。

对于任何需要规划的活动来说，无论是晚餐聚会、慈善宴会、生日派对还是读书会，你会发现有了规划清单，成功举办这些活动就会变得更加容易。有些人无法享受他们主办的活动是因为他们太操心各种细节问题，但如果有周密的计划以及经过深思熟虑后列出的清单来辅助你，就相当于提前做好了大部分的工作，那你在活动现场就可以和嘉宾一样享受其中了。

赠送礼物

我婆婆和我都很喜欢送礼物，而且我们更喜欢买礼物——但那不是重点。我婆婆尤其擅长送礼物，她总能针对每个场合找到既特别又个性化的礼物。当你送出特别合适的礼物时，那种感觉非常美妙。它会让收到礼物的人心存感激，也体现出了你对这个人的关心。

要想找到完美的礼物，提前考虑很重要。以下是一份关于挑选礼物的备忘录。

1．早点开始准备。你有多少次是等到最后一刻才去买礼物，而你为此不是花了太多钱，就是图方便买了一个不是最适合那个人的礼物？如果你早点开始准备，就不会发生这种事。对于朋友的生日和一些特殊场合，至少要提前两个月开始思考送什么礼物合适。

我也会早早开始准备我的假日采购，每年我都是 8 月就开始准备了。这样我就有足够的时间思考清单上的每个人都想要什么礼物，并且我也可以在不同的促销时期以更划算的价格买到礼物，比如返校季、劳动节、哥伦布日、退伍军人节。

2．用心思考。我每个月都会查看日历来确认下个月都有哪些人要过生日或者有什么场合需要参加，并且会根据时间顺序列一个清单。然后，我就开始思考最适合每个人的礼物是什么。我会想一下那个人喜欢什么、需要什么，或者最近经常谈到什么，什么东西真的会让这个人感到开心。这个清单要做成开放式的，即你随时可以往里添加新的内容。你还可以把对其他场合的想法记录下来，比如在圣诞节或者纪念日要送什么礼物。提前考虑有利于减轻那些需要送礼的日子到来时带给你的压力。

3. 做一些考察研究。 你完成清单后，就可以开始考察研究了。有时我会去不同的商店转一转，或者去不同的网站上浏览一下，并且我会在一些我觉得亲戚朋友可能会喜欢的礼物上做好标记。当我翻阅杂志或者报纸时，如果看到有趣的东西，我也会记录下来。随身携带你的清单，这样你在旅行的时候也可以往里添加内容。

4. 坚持记录。 我会在笔记本（或者印象笔记）上把我之前送过的礼物都记下来，这样就不会两次送出相同的礼物——除非那个人真的对某一个礼物特别喜欢，但大多数情况下，没有人想年复一年地收到同样的礼物。对于那些你经常送礼物的人，如果你给他们每个人都建立一个礼物日志，就可以避免重复送礼的问题。

我偶然发现了一个很有趣的网站，我认为它可以帮助许多人变得更有条理，并且买到他们想要的礼物。这个网站叫 **MyRegistry.com**，它的形式就像婚礼或者婴儿礼品登记册。你可以把所有想买的东西都添加到这个登记册里，不必只局限在一家商店。通过这个网站，你可以把各地商店的商品都添加进来，是不是很酷？如此一来，很多场合你都可以为之建立一个礼品登记册，比如乔迁之喜、生日聚会、毕业典礼、冬季节日等等。这个网站也不是只对夫妻和婴儿提供服务，所以即使是单身人士，也可以得到一直想要或者需要的东西。

我确信礼仪专家会觉得直接索要礼物是一件很不礼貌的事

情。通常来说，我也这么认为，但如果这样做能够省时省钱，那就另当别论了。如果我的朋友们能直接告诉我他们想要什么生日礼物，那我们每个人都是"赢家"。他们既能收到想要的礼物，我又不用浪费时间去不同的商店挑选礼物。这真是一个双赢的结果！这样看来，直接说出自己想要什么礼物是个很棒的主意。

5. **控制预算**。如果你找到了一个真的很喜欢的礼物，但是在时间紧迫的情况下，你会很容易忘记控制预算。然而花费更多的钱并不意味着你送出了更好的礼物。对于一个特定的礼物，你要设置预算，并且严格执行这个预算标准。最终你会因此更开心的。举例来说，我在书店看到了一本书，我知道我妈妈一定会喜欢它，那我就会把书名记下来，然后看看从网上买会不会更便宜。因为我早就开始准备，所以会有充足的时间来货比三家，从而能够买到价格更优惠的礼物。

有话可聊

我们都遇到过这种情形，即坐立不安地寻找一些可以聊的话题。这种尴尬的社交状况会使我们感到紧张、压力和焦虑。但是就像生活中的很多事情一样，我们不得不"假装客套，直到能做到自在交流"。

以下是你在不同场合不知道要说什么的时候，可以派上用场的一些常用语和可以问别人的问题。

晚宴

对于某些人来说，参加晚宴是一种折磨。现场人们之间的闲聊、尴尬的沉默以及相互不认识都会让一些人感到不自在。但如果你提前做一点准备再去参加晚宴或者鸡尾酒会这样的社交场合，你会度过更加愉快的时光。以下是一些可以帮你摆脱尴尬的方法：

- ✓ 提出开放式的问题，不要问用"是"或者"否"就能回答的问题。
- ✓ 夸赞别人。比如你可以问对方"你的耳环很好看，是从哪买的"，这也许能开启你们双方在这方面更多的交流。
- ✓ 聊聊最近发生的事情。除非你很了解对方，否则不要聊政治和宗教方面的事情，但其他所有的话题应该都能成为不错的谈资。
- ✓ 聊聊食物，问问对方喜欢的餐厅是什么，或者他们去过你所在城市的哪些地方。人们通常都比较喜欢聊这些话题。

婴儿送礼会

参加婴儿送礼会和新娘送礼会真的很尴尬。现场会有一群互不认识的女性朋友因为参加准妈妈的送礼会而聚在一起，但有时这些人没有什么共同语言。好吧，至少一开始你会觉得没有共同语言，直到你开始打破沉默，主动交流：

- ✓ 问对方是怎么认识准妈妈的。

- ✓ 问对方小时候最喜欢的书是什么。
- ✓ 聊聊旅游计划——这可以让谈话更顺畅。
- ✓ 提及和婚礼或者婴儿有关的电影。

电梯

我过去在办公楼里坐电梯时，如果遇到从别的楼层进电梯的人，我常常发现自己会有点不知所措。幸运的是，我是在电视台工作，所以我们电梯里的电视会一直不停地播放内容，这就减少了在电梯里和别人碰面时的尴尬。以下是一些化解尴尬的方法：

- ✓ 微笑。有时候打破沉默只需要一个微笑就够了。
- ✓ 谈及别人要去的楼层，并询问那一层都有什么。
- ✓ 保持距离。不是所有人都喜欢在电梯里聊天，有时候什么都不说也没关系。

葬礼

当有人去世时，我们会变得不安和失落，如果和逝者不是很熟，就会完全不知道该说些什么。以下几条建议供你参考：

- ✓ 分享关于逝者美好的回忆或者故事。
- ✓ 简单地说："我知道这对你和整个家庭来说是特别难过的时刻，我和你们一样感到悲伤。"
- ✓ 谈及逝者生前的成就，无论是家庭、事业还是生活方面。
- ✓ 你可以提出在宾客离开后留下来帮忙打扫，或者如果你和逝者家属关系很好，可以主动提出帮他们做晚饭。

一些社交常备问题

✓ 你今天有什么特别开心的事情吗？

✓ 你最近一次看的电影是什么？

✓ 你喜欢读什么类型的书？

✓ 如果任由你选择，你想住在哪个地方？

✓ 你会演奏什么乐器或者会任何外语吗？

✓ 你小时候是什么性格？

当你遇到名人时的对话清单

在我的职业生涯中，我很幸运能有许多机会见到有趣又有影响力的人，并且每隔一段时间，我就能碰到一位名人。当知道要见到贝蒂·怀特时，我简直太激动了，因为我一直是《黄金女郎》（*The Golden Girls*）的超级粉丝。她是个很优秀的人，我不仅得到了和她聊天的机会，而且还短暂地与她在节目中"同框"了。这个经历真的太棒了。

然而，我在遇到名人的时候，并不是一直都能表现得很淡定。从小到大，我都是奥普拉的粉丝，但是在电梯里看到盖尔·金的时候，我整个人完全呆住了。当时我不想脱口而出"我也喜欢奥普拉"，所以一言未发。

这场景有点尴尬。

在遇到名人的时候，你已经对他们的事业（通常连带其个人生活）都非常了解了，但是你对于他们来说却完全是一个陌生人。

没有人想被问到自己离婚的事情，或者被陌生人给予一些事业上的建议。我想名人也是如此。那你应该聊什么呢？

我曾经列过一个清单，上面是我想问奥普拉的一些具体问题，但之后我意识到需要列一个问题更笼统的清单，为我再次遇到斯特德曼或者盖尔做准备。为了避免无礼、尴尬或者沉默不语，我想出了这个和名人对话的清单：

1.“我真的很喜欢你的××作品！”许多名人除了自己成名的作品之外，还有一些作品也是他们非常热爱的。我确定他们会希望自己热爱的作品得到一些认可。

2.“你觉得××角色后来会发生什么事？”很有可能，你最喜欢的影视角色的扮演者和你一样喜欢这个角色，并且也在猜测这个角色最后怎么样了。这对于詹姆斯·甘多菲尼来说就是个好问题，我很想知道他扮演的托尼·索波诺之后会发生什么事。

3.“是你激发了我××。”大多数名人都是艺术家，他们希望自己创作出的作品能够对他人有所影响。名人总是会听到别人说有多喜欢他们的作品，虽然他们也乐于听到这样的赞赏，但也许对他们来说，能够带给别人一些积极的影响才是更有意义的事情。

4.“您曾经追过星吗？”即使是明星，也会有他们想要见的名人。如果你真的很紧张，需要一个方法来打破沉默，可以尝试说出自己的追星经历。没准碰巧那个明星也有因为见到某人而特别紧张的故事。问这个问题也许看上去有点不合适，但我的实习生遇到戴夫·马修斯时就问了这个问题，效果不错。

5."好酷的项链！你从哪买的？"这个问题很适用于当你对见到的名人不太了解的时候进行提问，可以选一件他或她身上穿戴的最亮眼的单品来讨论。你永远不知道这件东西的背后会有怎样的故事，或者它会引发一段怎样的对话。

不管你决定说什么，记住深呼吸，尽量不要慌张，并且充分做好讲故事的准备。

第 7 章

学会外包任务：不必万事亲力亲为，让他人助你一臂之力

学着像汤姆·索耶一样将你能做但不是必须要亲自做的事情外包出去，适当给自己的掌控欲"做减法"。腾出时间，享受属于你的空闲时光，去做你更擅长、更热爱的事情吧！

当我周一早上到办公室询问同事们周末过得如何时，许多人给我的回答都是一样的："周末太短暂了！"每个人都抱怨周末时间太少，希望可以拥有更多的周末时光，但也许那是因为许多人没有充分发挥聪明才智好好利用时间。

即使非常有效率的人也很难在一天内完成所有的事情，但可以把任务外包出去。如果你可以从自己的任务表中拿掉一些任务，以便能有时间去做更加擅长的事情，你就会变得更有效率。

外包高手汤姆·索耶

也许你还记得那个爱惹麻烦的汤姆·索耶，他也是一个外包高手。你在《汤姆·索耶历险记》（*The Adventures of Tom Sawyer*）中可以看到他如何利用外包来逃避做家务。

如果你已经不记得这个故事，我来简单概述一下。汤姆又闯祸了，他的波莉姨妈很生气，所以罚他周六把家里的篱笆粉刷一遍。但是汤姆可不想浪费自己的时间做这件事情，他巧妙地说服了别的小男孩帮他做。他跟他们说粉刷篱笆是非常好玩的，而且不是所有人都适合做这件事。孩子们被骗去做了汤姆的工作，而且他们还是用自己的苹果、风筝、一支粉笔、几只小蝌蚪、弹珠、独眼小猫以及许多其他小玩意儿做交换才得到了粉刷的机会。粉刷了三层油漆之后，汤姆就已经轻轻松松收集了一大堆战利品。

汤姆完全可以自己粉刷篱笆，但他不想这么做。这听起来耳熟吗？有多少次你面对一件差事（比如去药店），或者面对一项任务（比如更新博客），却因为没有时间或者不想去做而觉得压力很大？汤姆给我们上了很重要的一课：外包会让人自由！

什么是外包？

外包就是让其他人或者一项服务来帮我们完成任务，这样我们就能有时间去做真正擅长的事情。（在汤姆的例子中，外包就意味着在一旁放松和收集好东西。）外包还能减轻我们自身的压力。海迪·汉娜指出："现在有一种普遍流行的说法，叫作'你越忙碌，压力越大，你就越重要'。"

我曾经是一个控制狂，不管是在职场还是在家里，所有事情都要亲自去做。但是当我意识到有更好的方法时，我很快就转变了观念。现在，我认为应该从谁能把这项工作做好的角度去处理任务。这样我就能专注于白天的工作，专心地写书、维护我的博客，也能完全享受和丈夫共进晚餐的时光。因为这些事情是只有我才能做的，我更愿意把时间花在这些事情上。当然，我也可以去给我的网站写一些升级代码，或者去超市购物，但这些事都不是我的最佳选择。

我见过外包最有效率、最成功的人之一是阿里·迈泽尔。当阿里被诊断出患有克罗恩病时，他在医生的帮助下找到了停止服药、过上健康生活的方法。我由于工作有幸对他进行了采访。我很快发现他的经历让他具备了"少做的技巧"，从而可以把压力维持在一个比较低的水平。阿里创建了 LessDoing.com 网站，并且著有《少做事，多生活：让生活中的一切更简单》（*Less Doing, More Living : Make Everything in Life Easier*）。这本书旨在教人们如何"优化、自动化以及外包生活中的所有事，从而让一切变得更有效率"。

阿里认为我们不应该浪费时间去做别人更擅长的事情，这样才有时间去做自己擅长以及真正想做的事情。他说："有些技能是我们缺乏但别人拥有的，而且我们通过自学也没有太好的效果，并且很可能达不到相同的专业水平，像这样的事情我们最好外包出去。"

你过去应该使用过旅行社的服务吧？这是同样的道理。你可以自己上网去查哪些是最值得一去的地方以及各种推荐，也可以把这件事交给更专业的人去做。让他人做，你就可以用省出来的时间多谈一个客户，而这位客户付的钱还可以满足你假期想去玩索道探险的愿望。

无限可能

自从杰伊和我在 2011 年看了一部叫《永无止境》（*Limitless*）

的电影之后，我一直对这部电影赞不绝口。如果你还没看过这部电影，我非常推荐你看。不仅主演布拉德利·库珀的颜值很高，故事情节也非常扣人心弦，惊险万分。我相信看完电影之后，你也会想要那个叫作"NZT"的药片。

通常来说，人只使用了大脑功能的20%，但"NZT"药片可以让人100%地充分利用大脑，这样一来你就成了最厉害的自己。而且事情远没有这么简单，布拉德利·库珀饰演的埃迪吃了这个药片之后，可以在很短的时间内学会不同的语言，并且能瞬间回想起所有的信息和记忆。他在几天之内就写完了一本小说，在学会复杂的股票交易后很快就变得富有。

说到划掉待办清单上的所有事情，如果能快速地将你需要和想要做的事情都顺利完成，是不是很棒？嗯，你可以做到这点——在没有"NZT"的情况下。只要你会外包，就可以实现这一点。

外包的好处

我已经用了许多篇幅来说明"记住你只是个精力有限的人"有多重要，所以有时候需要让自己休息一下。你不可能一直独立完成所有的事情，这也就是为什么有时候你需要寻求别人的帮助。总之我采纳了自己的这个建议，并且得到了一些实习生的帮助。哇！我的生活因此变得更好了，降低一点掌控欲之后的效果真的太棒了。

获得别人的帮助能带来诸多好处，主要有以下几点：

你可以持续跟进你的想法。你是否曾经在午夜醒来时突然有了一个奇思妙想？也许你会把这个想法写在纸上，但是之后你可能就找不到这张纸或者因为忙碌的生活忘记曾经有过这样的灵感。但当你得到帮助时，就会有人帮忙记录你所有"灵光一现的想法"，以及帮你管理自己已经遗忘的事情。只需旁人一句简单的提醒："嘿！你之前想做的这件事还没做，现在你想如何推进它？"如此一来，你就能保持专注，继续实施你的想法。

你会拥有更多的时间。也许你有了一个很棒的想法，却没有时间付诸行动，此时让别人来帮你做一些搜索研究工作，或者承担一些联络工作，你就能完成更多的事情。这就好比盘子里的东西太多，那就多拿一把叉子吧！

你可以赚更多的钱。如果有人能帮你分担你的工作，并且记录和跟进你的想法，你很可能会更加事业有成。也许你最终会形成一个新的想法，但你同样可以通过一些方法和别人的帮助来实现它。

你的压力会变小。如果待办清单上有太多任务，你的注意力会被分散，让你无法完全专注于手头的工作，从而降低工作质量。把要做的工作分出去一部分，你的压力就会变小，也能更好地去完成工作。

在《压力狂：5步改变你和压力的关系》一书中，作者海迪·汉娜指出："同时处理多项任务会降低工作质量，而且这实际上是在浪费时间、耗费精力，还会带来很多负面的结果。可人们却很喜欢这样做，因为他们想要在更短的时间里完成更多的事情。"

技术大神卡莉·诺布洛克之所以创建了 Digitwirl.com（现已改为 CarleyK.com）这个网站，是因为她作为生活导师的工作加上要照顾两个孩子，已经让她筋疲力尽，几近崩溃。她告诉我，把那些让人感到糟糕的事情从盘子里拿掉是一个很大的胜利。她说："难道我不想用少做两件事的时间去和孩子多待一会儿？少做两件事，我就不会在逛完'好市多'超市后感到筋疲力尽。我宁愿花钱请人去'好市多'超市帮我买东西。对我来说这是值得的，不仅因为价格合适，还因为我能有更好的体验。我只是不想再那么累。"

你可以享受同事之间的友情。如果有一个为你的最大利益和目标而着想的人可以依靠，是一件很棒的事。雇一个助手能让你更好地协调一切事务。你可以让自己信任的实习生或者助理来管理你的工作和时间安排，这样你就可以把精力放在其他事情上。你要找一个能将你的想法付诸行动的人，并且在你特别忙的时候他也能确保你有午休时间。

如果你还在犹豫要不要雇一个助理，可以问问自己这两个问题：

- ✓ 如果其他人可以帮你处理细节问题，你有没有想要大干一场的事情？
- ✓ 有没有你一直想做，却一直被搁置一边、停滞不前的事情？

外包什么？

如果你知道生活中有多少事情是可以外包出去的，你一定会惊讶不已——有太多事情可以外包了。我已经外包了许多任务，例如超市购物、房屋打扫、搜索研究、博文排版以及社交媒体管理。

阿里·迈泽尔告诉我，他几乎把所有事情都外包出去了：

- ✓ 播客
- ✓ 编辑
- ✓ 抄录
- ✓ 写博客
- ✓ 社交媒体维护
- ✓ 搜索研究
- ✓ 订购物品
- ✓ 进行预约与日程安排
- ✓ 旅行计划
- ✓ 获得法国国籍

阿里·迈泽尔说："大家都会认为'哦，这件事一分钟就能做完。我自己做就行'。没有什么事会只花费一分钟。那些看似很快就能完成的小事，如果你做得足够多，日积月累，所花费的时间也就不再只能完成小事了。"

你知道吗？

你真的可以花钱请别人来做任何工作

《纽约邮报》（*New York Post*）发表了一篇文章，标题为《纽约到处都有 24 小时犯懒的人》（NY Full of 24-Hour Lazy People）。里德·塔克在文中详细介绍了几件可以外包的事情。他指出，只要支付一定的费用，你几乎可以把任何工作委派别人来做，比如让别人替你开车。每小时 20 美元，一个来自布鲁克林的人就可以开车带你到任何你想去的地方——只要你有车就行。（资料来源：http://bit.ly/1tvY2lZ）

以下是其他几件可以外包的事情：

1. 为你的孩子准备一份健康午餐。（是的，现在有这种服务，请登录 InBoxYourMeal.com 查看详情。）

2. 遛狗以及清理其排泄物。

3. 装饰生日聚会的现场。

4. 房屋打扫。（擦拭瓷砖的工作请别人来做，同时你可以按颜色整理自己的毛衣。）

5. 组装宜家家具。

6. 重新摆放家具。（需要移动一些大型家具来为圣诞树腾出空间？可以聘请搬运工来做这件事。）

7. 往墙上挂幅画。（在父母去你家看望你之前，把家里弄得更温馨一些。)

8. 购买你需要送的礼物。

9. 研究去意大利旅行最划算的方案。

如何将事情外包出去？

你现在是不是已经愿意将事情外包出去了？那让我再来助你一臂之力吧。你招聘助理的时候，第一个要想清楚的问题就是谁能"懂"你。如果你打算选择远程助理来帮你管理工作任务，那很重要的一点是你们要彼此契合。当你把重要的工作任务分配出去的时候，你肯定希望交给一个靠谱的人。而对于其他的任务来说，任何口碑不错的平台都可以帮到你。

以下是几个能帮你找到最佳人选的渠道：

1. Elance.com——很适合用来搭建工作团队。在上面发布自由职业的帖子之后，你会收到很多资质不错的设计师、作家、平面设计师、会计、营销专家、远程助理以及任何其他你能想到的专业人士的回复。

2. FancyHands.com——这是目前为止我最喜欢的外包公司。我经常使用他们的服务，真的给了我很大的帮助。他们可以做任何线上工作，只要这个工作能在 20 分钟左右完成。比如他们可以帮你进行预订，也能做一些快速的研究工作。但是他们不做线下实体工作，比如帮你去干洗店拿衣服，或者去家里帮你做晚饭。这个网站帮我规划了去意大利的旅行，搜集了一些承包商的信息，还帮我丈夫找到了一个吉他老师。你可以分批次进行付费，比如5次、15次或者25次为一批，然后他们会以月或者年为单位发账单给你。

3. TaskRabbit.com——另一个我很喜欢的平台。这个公司建立的初衷是公司的首席执行官需要给她的狗喂食，但是她工作到很晚才下班，所以利娅·布斯克想出了一个办法。她在为我的博客写的特邀文章中解释说："即使我只是略微更擅长做某件事情，那把喂狗这件事外包出去，让我的时间得到更好的利用就是有意义的。"

在这个网站上做任务的人会帮你完成待办清单上的事情，比如购买食物、为你的朋友买礼物，甚至是发一份唱歌的电报。你按照每项任务来付费，并且能得到多个报价。每一个给你报价的人并不知道别人的报价是多少，所以价格方面的竞争会很激烈。如果你觉得某一个人任务完成得不错，你也可以再次雇用他。

4. Handy.com（之前是 Handybook.com）——在这个平台上，你可以找到优质的保洁员、水管工和杂务工。该网站的目的就是让你在网上能用更少的时间找到信誉好又可靠的服务人员。想想这能为你自己去谷歌上搜索网站和人名省去多少时间。

5. Guru.com——另一个能帮你找到自由职业者的平台。在这里你可以找到技术、创新以及商业方面的人才。无论你是需要线上客服人员、诗人，还是活动策划，都可以在这个平台上找到。

6.Wun Wun——这是一款纽约初创公司设计的应用程序，不同于其他的服务，他们专门做配送服务。使用这款应用程序，他们可以在曼哈顿、汉普顿或旧金山的任何地方，把任何你想要的东西送到你手上。你最爱的甜品、一条新的牛仔裤、聚会需要的几箱红酒，只要你能说出来的，他们都可以配送。

7.Zirtual.com——这是一家提供远程助理服务的匹配平台。你需要填写一份工作需求描述，他们会为你匹配最适合的人选。然后就会有一个专门的助理来帮你处理工作，每个月的费用是99美元起。远程助理可以帮你搜集资料、安排行程、采购物品、录入数据、处理邮件、接打电话等等。

8. 雇一个实习生——实习生通常是免薪资的。他们很可能为你的项目工作的同时也在做自己的学校作业，所以他们并不是专门为你工作。我有好几个优秀的实习生来帮我维护博客、为这本书搜集资料以及运营我的社交媒体。我选择了对我的行业感兴趣的实习生，带他们参观了工作室，介绍他们和专家认识，点评他们的简历，并且给予他们一些职业指导和建议。这些碰巧都是我很喜欢做的事情，但也很耗费时间。因此，如果你获得了实习生免费的帮助，你对实习生做一些对他们有好处的事情，这也是一种时间投资。你要记住这些投资。寻找人选的过程也是一种挑战，一旦你找到了那个合适的人，就会有丰厚的回报。我在 Linkedin.com 上发布了一则招聘广告，并联系了当地的几所大学，为他们提供实习项目。

需要花费多少钱？

现在，终于到了你最关心的部分：如果外包任务，我要花费多少钱？关于这一点首先你要考虑的是，你所获得帮助的价值有多大？我相信如果你每个月获得一点别人的帮助，从而能多做一个项目，这笔投资是非常值得的。

阿里·迈泽尔告诉我，过去两年间，他因为外包出去许多任务，节省了 3000 个小时的时间和 50 万美元的费用，这些数字真是让人大吃一惊。让我们现实点考虑这个问题：这些数字是有一点主观，因为它取决于你有多重视你的时间，你自身有哪些技能，以及你有多少钱。但说真的，比起亲自去跑腿办事，难道你不想用这 3000 个小时来陪孩子或者躺在沙滩上享受悠闲时光吗？而且省下来的 50 万美元也可以用到其他方面。

关于外包还有另一种思路，那就是通过以物换物来获得帮助。当你以物换物时，你和其他人可以交换彼此的服务，从而各取所需。例如，我可以为一个网站设计师的个人网站写文案，作为回报，她可以为我的网站制作一个新标识。明白了吗？你可以用擅长的事情来获得你需要的东西，且不需要金钱交易。不过这个方法会比较耗时，所以你要想好哪种方法最适合。

如何委派任务？

理论上来说，你把任务交给别人来做会让你感觉非常轻松。但与汤姆·索耶不同，不是所有人都能像他一样可以轻松自在地分配任务，这绝对是需要锻炼的技能。以下建议供你参考：

1. 井井有条。把所有你可以委派的事情列一个清单，内容一定要特别具体。这份清单可以包括安排预约、想好晚餐的菜单、为即将到来的聚会挑选礼物、处理大量的未读邮件、重新设计博客标志等等。

2. 实事求是。你比任何人都了解自己，所以要实事求是地去判断哪些事真的 5 分钟就能做完，以及哪些事是可以外包出去的。

3. 量力而行。不要试图做一个超级英雄去完成所有的事情，这种想法已经过时了。要清楚你擅长什么事情，然后把重心放在这些事情上。

4. 任务明确。阿里把远程助理为他做的每件事的步骤都列了清单。在这方面，他已经列了 53 份清单用于各种不同的任务，例如如何付账单。为了确保你雇的远程助理能准确理解你委派的任务，预先做的准备工作越多，你们的交接就会越顺利。

5. 学会享受。既然你有了多余的时间去做你真正想做的事情，那就开心一点吧！你已经有效地将你能做但是不需要亲自做的事情外包出去了，此刻你可以有更多的时间来陪伴你的家人，或者去度个假、看一本杂志，抑或是小憩一下。好好享受吧！

第8章

利用智能设备：跟紧时代步伐，玩转新奇有趣的清单工具

随着科技的发展，辅助我们列清单的工具越来越多。看看这些有趣的应用程序和平台能给你提供怎样的灵感吧。保持耐心，尽管去尝试，总有一款适合你！

我要坦白一件事。我一开始是比较抵触智能设备的，曾经觉得应用程序都很愚蠢。看，我居然说过这样的话。我有一个小的翻盖手机，用了很久，而且我当时也不理解为什么各种事情都要有一个应用程序。当然，我也弄不明白在我那个耐用但不智能的手机上打出含有 5 个字母的"hello"需要敲 13 下键盘有什么大不了的。坦白说，我对苹果手机没什么兴趣，因为我觉得翻盖手机可以满足一切需求——能通过接打电话联系到任何我想联系的人。我还会随身携带纸笔，方便随时列清单，我非常感谢这些工具。

但是在我丈夫的一再劝说下，我最终还是换成了苹果手机。现在我想说：我之前的观点真的完全错了。我都不知道以前没有智能手机时自己是怎么过的。智能手机在记录各种事情和提高办事效率方面真的起到了超乎想象的作用。如果你是像我一样比较固执的人，请尝试一次，认真试一次，我相信你也会发现智能设备的价值所在。

智能设备的利与弊

我现在仍然会手写清单，但是电子版清单和应用程序对于提高工作效率来说是非常必要的补充工具。事实证明在这一点上，不止我一个人这么做。福利斯特研究公司为智能笔制造商Livescribe 做的一份调查显示，专业人士会使用笔记本电脑和平板电脑来满足工作需要，但是其中 87% 的人也会使用手写的方式来做笔记。

当然，使用最新的高科技技术来列清单有利也有弊，以下几点供你参考：

优点

✓ **便于同步**。你使用的大部分的应用程序都可以在多个平台同步更新，所以你可以随时随地查看清单。这就意味着如果你用台式机在某个网站上列了一份清单，你在下班后前往超市的路上，用智能手机也能查看这份清单。

✓ **不会丢失**。纸质清单的一个最大问题就是可能会被弄丢。别再担心了！使用智能设备列清单，你的清单将会被永久保存。

✓ **可以重复查看清单**。你在笔记本上写下愿望清单或者行李清单之后，往往会忘记写在了哪一个笔记本上。但如果你使用智能设备列清单，可能会更容易地找到它们，再次查看内容，然后付诸行动。

✓ **便于搜索**。用智能设备列清单，无论何时何地你都能找到它们。因为智能设备会有记录，所以你可以随时将清单调出来查看。

- ✓ **便于交流分享**。人们乐于讨论各种应用程序。他们喜欢分享，喜欢用谷歌搜索，也喜欢向别人展示这些应用程序。如果你也有几款好的应用程序想聊一聊，就能明白这一点。

缺点

- ✓ **手写有利于提升脑力**。使用智能设备列清单不像手写那样能锻炼你的大脑。有研究表明手写有利于思想表达，并且能促进精细动作技能的培养。甚至还有研究表明，手写有利于正在老去的婴儿潮那一代人保持头脑清晰。
- ✓ **科技有时会让人感到困惑**。我懂这一点，因为我曾经也有相同的感觉。当我可以直接写需要的笔记时，为什么还要去下载一个应用程序？
- ✓ **创造力可能会被抑制**。如果你在做笔记或者列清单时喜欢手绘一些图片、图表或者表格的话，那使用智能设备来做到这一点可能有点困难。
- ✓ **需要做一点功课**。不是所有的应用程序都能完成你需要它们做的事情，也不是所有我喜欢的应用程序都适合你。秘诀就是尝试不同的应用程序，然后找到最适合你的那几款。这样做会有点耗费时间，而且有时效果不好还会令人感到沮丧，但是当你找到了合适的应用程序后，你的生活会因此而改变。

既然我已经把优点和缺点都列出来了，我必须告诉你所有的缺点都是可以克服的。你不用现在就放弃使用纸笔，有很多方法可以把电子清单和传统纸质清单结合起来。电子清单也有很多可取之处。我和技术专家卡莉·诺布洛克聊天时，她告诉我，利用科技产品让作为母亲的她有了一种新的生活方式。她说："我会有一些稍纵即逝的想法，如果不即刻记录下来，转眼就会忘记，而现在科技产品给我提供了一个可以随时记录想法的地方。每天有太多的事情发生，有太多的事情要做了。"

让待办清单为你服务

　　当你认为已经在应用市场中找到了最适合你列待办清单的笔记类应用程序时，我非常推荐你尝试以下几款应用程序。除了笔记类应用程序，还有其他的应用程序也值得一试。秘诀就是多尝试几款，然后找到一款恰好能满足你需求的应用程序，从而让你的生活变得更轻松。有的应用程序的主要功能是任务提醒，有的是为了方便分享，还有的是为了督促你完成任务。你总能找到一款适合的应用程序。

　　以下是我最喜欢的几款供你参考：

　　印象笔记。如果你一生只下载一款应用程序，那就下载印象笔记吧。正如我在第4章《事业清单：将统筹管理工作交给"清单秘书"》中提到的那样，你需要和别人一起合作共事时，可以使用印象笔记，因为它让协同合作变得轻而易举。而在自我管理方面，它同样也是一个非常棒的工具。无论你是想用它来管理工作上的一些开支，或是策划一个完美的生日派对，它都能满足你的需求，功能真的非常全面。

除了下载这款软件，你还可以登录他们的官网 Evernote. com，这样不管你在任何地方，都可以通过台式电脑、笔记本电脑或者平板电脑来查看你的笔记。印象笔记采用的是云存储系统，所以你可以存储任何你想要的内容——笔记、照片、网页剪藏，甚至是音频文件。一个特别依赖印象笔记的朋友曾经把它称为"思维的延伸"。我认为这个说法非常准确。任何你想要记录且可能会被遗忘的事情都应该放进印象笔记里，而且你还可以创建多个笔记本来分门别类地记录。

以下是我使用印象笔记的方法，供你参考：

大纲和构思。关于博客文章、工作中的新闻报道、写作项目的想法，时常会在最奇怪的时间闪现在我脑海中。但是现在我可以打开手机上的印象笔记，然后将所有的想法写下来，以便之后跟进实施。我还会在通勤时段用它来制作节目脚本和博客文章的大纲，这样当我打开电脑的时候，就能以更高的效率开始工作。

网页剪藏。印象笔记针对浏览器有一个很酷的书签功能：当你点击它的时候，它会保存当前正在浏览的页面。如果你想要保存一个菜谱、一篇文章或者一个礼物创意，只需要点击那个可爱的大象图标，就可以一键搞定了。

假期准备与研究。每当我需要规划假期安排的时候，我都会用印象笔记。它可以井井有条地把我所有的文档都保存在一起。你可以发一封邮件到你的印象笔记个人账号，然后你的文档、旅行信息、行程安排就会被自动保存下来。之后你就可以把它们都放进一个笔记本电脑里，便于旅行时查阅。这些笔记也可以直接下载到你的手机上，所以不用担心旅行途中没有网络的问题。

我还会在印象笔记上对比度假地点、景点等等，把这些内容保存下来便于我之后随时查看。例如，每年 11 月我和我丈夫都会想逃到一个暖和的地方待几天，所以我每年都会搜集很多旅行地点相关的资料。我把每个度假胜地的评价以及每个地方各自的优缺点都保存在印象笔记上，下次我们再做旅行规划时，就不用从零开始了。

记录采访内容。如果你需要记录一段谈话或者演讲，也可以直接在印象笔记上进行。它有一个录音的选项，而且这个功能比你想象的要有用多了。如果你正在开会，可以记笔记或者直接把会议内容录下来。我曾经在用 Skype（一款即时通讯软件，可以进行视频或语音聊天，发送文字、文件等）进行采访时，也通过印象笔记将采访内容录下来。你还可以将一个现有的 MP3 格式的文件直接拖进笔记里，然后以音频形式进行保存。

密码。你可以把所有的密码保存在一个笔记中，这样就再也不会忘记密码了。如果怕信息泄露，你甚至可以给这个笔记进行加密保护。

记笔记。我每次去参加会议，都会在会议期间用印象笔记写所有的会议纪要。我可以给参会者拍照、记录他们的发言，还能将笔记打印出来。我甚至还会用它来列出我的重要联系人名单，以及我在会议结束之后要如何进一步和他们保持联系。印象笔记使我管理起这一切更加得心应手。

保存清单。众所周知，我用印象笔记保存了一小部分待办清单以及心仪餐厅的清单。但在大多数情况下，针对这种比较具体的任务，我会使用其他的应用程序。

节日购物。这很可能是我坚持使用印象笔记最重要的原因之一。每年我都会列一个清单（在 8 月份的时候），里面包含所有我需要为他们购买节日礼物的人。然后我会写下已经想到的礼物名称，并且当我在任何地方有了什么别的想法时，会再添加到列表里。印象笔记让我可以轻松地查看清单上每个人的情况，并且在已经买好礼物的人名上做好标记。我还会在这一年中用网页剪藏的功能来收藏礼物创意。当我有时实在想不出要买什么礼物时，我就会去翻看印象笔记里的内容，然后就能找到一些灵感。

———————— ◇◆◇ ————————

用不惯印象笔记？

人们总是会和我说已经下载了印象笔记，但总是用不惯。我懂他们的意思。印象笔记的确需要你在一开始的时候多花点心思去熟悉它的各种功能，它才能发挥真正的作用。以下是我自己列出的一份提示和技巧清单，有助于你把印象笔记变成最得心应手的应用程序之一。

1. **经常使用。**相信我，你使用的频率越高，印象笔记就会越有用。与贴在手机背面的便利贴不同，印象笔记里的笔记可以永久保存。当你回顾最近几周的待办清单，发现没有遗漏任何事情而长舒一口气时，你就会明白我为什么这么说了。

2. **下载网页剪藏插件。**这一点是印象笔记的第二大特点。你可以剪藏所有想要保存的内容，任何你能想到的内容都可以被轻松收藏，例如一篇你想稍后再读的文章，一份你想应聘的工作，或者是为母亲准备圣诞节礼物的想法。这个功能适用于任何你想访问的网站，甚至还有一个便捷的方法，让你为自己写笔记，并给它们添加标签，这样你就可以在需要时轻松地找到这些内容。

3. **分享即关心。**利用印象笔记来协同合作的方法是无穷无尽的。如果你正在策划一场婚礼，但是你和伴娘却相距甚远，那可以从建立一个保存各种想法的文件夹开始。然后你们每个人都可以往文件夹里添加内容，并且对于自己喜欢或者不喜欢的事情进行评论。网页剪藏功能会让这一点变得易如反掌。你需要策划活动、规划假期、合作完成博客文章以及做其他事情时，都可以试试这个功能。

4. **使用邮件的功能。**每个印象笔记的账号都带有一个个性化的邮箱，记得使用它，因为它真的能节省很多时间。你收到想要记录内容的确认函之后，比如一张你购买礼物的发票，就可以把它发到你的印象笔记邮箱里。这样它就会被自动保存在你的笔记里，无论何时你需要使用这张发票，都可以很快找到它。

在进行慈善捐款或者支付专业机构费用时，我也会使用这个功能。收到邮件确认函之后，我会把这些邮件转发到我印象笔记的邮箱里，并且将其归类为当年的税务注销来保存。所有的事情都清晰明了、井然有序，并且都储存在印象笔记这一个地方。

我可以不断地往这份清单里添加内容，因为印象笔记有太多的使用方法，事实上我总能发现它的一些新功能。不过我认为最恰当的建议还是你要先开始使用它。你用得越多，就越会觉得它好比你的第二个大脑，对你来说它的利用价值也会越高。

Clear——任务和待办事项清单，它会是你迄今为止使用的设计最精美的应用程序之一。这款应用程序非常智能，用户体验也很好。它会让你主动想要往你的待办清单里添加内容。

以下是我认为 Clear 存在的优点和缺点：

优点

1. 设计精美绝伦。

2. 使用起来方便有趣，比如通过滑动操作即可删除或完成，拖动任务即可对其重新排序，等等。

3. 有可爱的音效（如果你比较喜欢这种类型的效果）。

4. 简单操作，让待办清单保持条理清晰。

5. 使用不同的颜色来划分任务的优先级。

6. 它是一个记录事项清单的好地方，比如想要尝试的餐厅、想要读的书，或者是在具体某一天想要做的事情。

缺点

1. 一次最多只能查看 10 项任务。

2. 在菜单界面之间转换时感觉有点混乱。

我会用这款应用程序来记录关于博客文章的想法、长期目标，以及快速采购清单。它绝对是值得一试的应用程序，只不过很多人都吐槽这个应用程序有点花哨。

我通常不太喜欢咄咄逼人的方式，但不知道为什么我却喜欢 Carrot To-Do 这款应用程序的督促方式。这款应用程序的主要特点是会有一个拟人化的声音来督促你完成待办清单上的事情。我说的"个性化"，指的是"态度"的意思。Carrot 的情绪会根据你任务的完成度而不断变化，实际上这挺有趣的。当你完成一项任务时，你会获得积分，并且解锁新的功能和得到奖赏。

以下是我认为 Carrot 存在的优点和缺点：

优点

1. 采用了游戏过关的模式，使你想要通过完成任务来解锁下一关的内容。

2. 操作简单，直观易懂。

3. 这款应用程序送我的虚拟礼物之一是一只叫"惠斯克船长"的猫。它真的太可爱了！

缺点

1. 如果你一开始没有按计划完成任务，这款应用程序并不会对你展现出宽容的态度。然而随着你一关一关晋级成功后，你就可以编辑、撤销和改变任务了。

2. 我看到有些人会慢慢对拟人化的督促感到厌烦，在新鲜感消失之后就不再用这款应用程序了。

我认为对许多人来说，这是一个有趣的方法，可以帮助他们完成更多事情。Carrot 绝对是一款值得一试的应用程序。

Wunderlist 是一款非常适合用来整理待办事项或者清单的应用程序，我经常在需要去超市或者药店快速购物时使用它。你进入商店面对琳琅满目的商品时，很容易就被它们吸引注意力，但是这款应用程序可以帮助你保持专注，把焦点放在你需要买的东西上。我喜欢用它来列简短的清单。它非常简约，但是所有功能都比苹果手机上的笔记类应用程序要好用。

我喜欢 Any.DO 这款应用程序是因为它有日历的功能，这样可以很方便地设置截止日期并且邀请别人来帮助核查一些待办清单上的任务。另外一个特点是，你可以给待办事项添加备注。如果你有一件像"做晚饭"这样的待办事项，就可以在这件事项上添加所需食材的备注。卡莉·诺布洛克指出，这款应用程序可以帮你识别出空闲时间，并会给出你在空闲时间内可以做待办清单上哪些事情的相关建议。好好用它来规划一下你的一天吧！

Todoist 这款应用程序主打优先级排序的功能。你可以给每一件待办事项排序，将它们归类到不同的项目中，如果需要的话，还可以设定子任务。我喜欢这款应用程序是因为它的灵活性很强，它不像其他一些应用程序那么简约，但也不复杂。它还有很多适用于 Gmail、Outlook 以及多个浏览器和计算机系统的插件，有助于你更好地将它们和任务管理融合在一起。只用那些最适合你的功能即可，其他的都可以忽略。不管你在列清单这方面是初出茅庐的新手，还是经验丰富的高手，这款应用程序都是理想之选。

保存你最喜欢的清单

我已经在第 2 章《清单用途多种多样：出乎你意料的清单妙用》讲述了关于目录清单的内容，但这些都是事务清单，不是任务清单。有时候为了你想记住的每件事（比如书名、餐厅、生日等等）而设定一个专门的应用程序也是一种方法，因为那样你就能准确地知道去哪里找这些清单了。

你是否总在寻求一些书籍推荐目录？我喜欢 Goodreads 这款应用程序，它可以让使用者与那些喜欢同类书籍的朋友建立联系，并且还能轻松获得他们的书籍推荐目录。我喜欢它的另一个原因是我可以把想读的书都存在这款应用程序里。别人总会时不时给我推荐一些好书，但如果我不把书名记下来，就再也不会记起这些名字。与其把它们记录在一张我可能会弄丢的纸上，或者存在另一个应用程序的某个地方，我不如把它们都保存在 Goodreads 里，因为它就是我管理阅读清单的专属应用程序。

有很多应用程序都可以帮助你管理所有需要记住的生日、纪念日以及一些特殊的日子。我用的这款叫 Birthdays 的应用程序非常简单，可以连接我的 Facebook 账号，导入所有我家人和朋友的生日以及图片。使用这样一款应用程序也是个好方法，因为它是你保存这一类信息的唯一平台，这样你就再也不会忘记去哪里找这些信息了。

你可以用 Matchbook 这款应用程序记录任何想要记住的餐厅或商店名称。在过去的年代，你会带着真正的 Matchbook 写下最喜欢的地方，以便于记住它们；但是现在你只需要把它们保存在 Matchbook 应用程序中就可以了。你还可以通过添加标签的方式来记住一个地方的某些特征——比方说这个地方的早午餐很棒，或者环境太吵了，抑或是网红打卡点。如果你不知道下班后要和朋友去哪聚会，就可以通过社区和标签来搜索。

Matchbook 在世界各地都可以使用，并且按区域划分你的标签，使你能方便快捷地找到心仪的地方。它还带有地图功能，因此你标记的地方都在哪一目了然，然后找到离你最近的地点。

你可以和朋友分享这些地点，但不需要在应用程序中添加任何人为好友。另外，Matchbook 可以帮你制作大量的清单。

Dashlane 是一款专门记录所有密码的应用程序。这要比把密码记在便利贴上或者存在电脑里安全多了。而且它还可以根据你每天都在使用的密码，帮你想出更强大的密码。想想你那些因为忘记密码而无法登录账号的时刻。对于需要管理多个账号的人来说，这是一款必备的应用程序——现如今，有谁不是管理多个账号呢？

管理你的钱财

我们大部分人在面对财务管理的时候都喜欢选择逃避，但忽视账单并不会让账单消失。因此我的建议就是直面它们，并且找到正确的工具来帮你管理。

Mint 是一款非常棒的应用程序，你无须做太多工作便可管理好自己的财务。你只需要把你的银行账号、投资项目、贷款信息都连接到这款应用程序上，Mint 就会帮你记录和跟进一切事情。它会实时更新这些账号的最新情况，并且你只需要一个密码，即可查看所有信息。它甚至还会将你的支出进行分类，告诉你在哪方面的花销最大，并给出如何省钱的建议。这款应用程序会在还款到期时提醒你还款，各个账号的情况也都一目了然，便于查看。这要比登录进多个账号查看信息方便多了。网站和应用程序的信息都是同步更新的，所以你可以在任何地方查看账号信息。

Expensify 是一款非常适合记录所有工作开支的应用程序，并且便于你直接提交给上级审核。无论你是刷信用卡还是现金支付，在你买完东西后，就可以将这笔支出记录在应用程序中。你甚至可以给购物票据拍照，然后将照片附在开支报告中。不夸张地说，它让这项工作变得有趣了。

有了 OneReceipt 这款应用程序，你再也不用保存收据了。你可以给所有收据拍照，记录所有的采购事宜。你还可以对支出进行分类，例如工作、家庭、保健、旅行等等，这样你就能监控支出。它还可以记录你的电子票据，连接你的电子邮箱账号，这样你就不用记得要添加这些信息。

购物无须再带各种清单

我一直都是喜欢购物的人，并且对自己能淘到好东西的能力甚为满意。然而，有一些工具和技巧可以帮我们在这一点上做得更好。无论是记得把购物清单放在哪里，还是确保所有的优惠券都存放在一个地方，绝对还有更容易的方法来做到这一点。这个方法就是应用程序。

ZipList 这款应用程序使备餐变得更容易，一次只需一个清单就能搞定。它让你在浏览菜谱的时候可以快速将所有食材添加到购物清单里，轻而易举地就能让你列出在超市需要的一切物品。你还可以导入自己的清单，保存在别的网站上看到的或者你家人最喜欢的菜谱。此外，你再也不会经历因为把清单落在家里而感到懊恼这样的事情了。

如果说钥匙扣是为了管理钥匙而设计的，那 CardStar 就是为了管理会员卡而设计的。这款应用程序可以将你所有的会员卡和打折卡都保存在一个非常方便找到的地方，只需要扫描一下你的会员和打折卡，就可以将它们从你的钥匙扣上永远地拿掉了。它甚至还会通知你某家商店正在促销或者发放优惠券。

Slice 是临近节日时我最喜欢的一款应用程序，因为那时我会经常在网上购物。Slice 会和我的邮箱账号同步更新，这样每当我收到购买确认函时，它就可以立刻为我追踪物流信息。当包裹发出时以及到达你家时，它都会给你发送温馨提示，这样你就不用浪费大量时间去记哪个包裹会在哪天送达。如果你觉得这些服务还不够，Slice 还会在你刚买完的某些物品降价时给你发送提示信息，并有可能帮你要回差价。最后，当美国消费品安全委员会召回某件商品时，Slice 也会给你发送提醒信息。

让规划变得轻而易举

我曾经短暂地和一个朋友一起做过聚会策划的业务。我想这也许是源于我对组织工作的热爱以及举办完美活动的热情。我知道不是所有人都喜欢计划户外活动、假期以及聚会。所以，为什么不让科技来助你一臂之力呢？我之前提到过用印象笔记来做很多规划工作，但还有很多其他好用的工具。

TripIt 这款应用程序可以让你把所有的旅行计划都集中在一

个地方。你的账号和邮箱是相互连接的，当你收到未出行的行程确认函时，TripIt 也会同步更新这些信息。如此一来，所有的相关信息（包括你的航班信息、用车服务确认信息、酒店预订信息等等）就都在这个应用程序里了。它甚至还会给出从一个地点到另一个地点的路线信息，我很喜欢这一点，因为这样我就能准确地知道从机场到酒店需要多长时间了。

它还有一个可以手动输入信息的网站。你可以把信息直接转发到你个人的 TripIt 邮箱中，并且输入任何其他你想添加的信息，例如行程信息或者你报名的意大利面烹饪课的信息。如果你升级到高级服务，当你的航班和登机口有变动的时候，他们还会发消息通知你。

策划一个聚会是一项不小的任务。如果说组织受诫礼、甜蜜的 16 岁或者一个婚礼让你感到勉为其难，那 Pro Party Planner 应用程序就非常适合你。你可以根据每个任务的截止时间把所有需要完成的事情关联到你创建的时间轴上；它的预算功能使你可以清楚地知道已经花了多少钱，以及还剩余多少钱；任务管理功能可以让你外包每一项任务，并且你可以通过邮件、短信甚至 FaceTime 来与那些帮你完成任务的人确认完成进度；此外，它还有一个座位安排工具帮助你安排宾客的座位。

有趣的分享

和家人相处本身也是一项工作。约会、活动、上学、孩子的体育活动和舞蹈课——这些事情填满了你的生活，但你很难对它们进行集中管理。

Hatchedit 既有网站也有应用程序，可以帮你管理你的家庭日程表。通过 Hatchedit，你可以将日程分享给多人，例如你的另一半、保姆或者帮你遛狗的人。它的网站会帮你记录即将到来的活动、邀请预约、每日待办事项、最爱的博客文章以及你所在的群组。因此，无论你是想为你的读书俱乐部还是孩子的足球队策划一个活动，所有的相关信息都可以通过 Hatchedit 来保存和分享。注册之后，你会获得自己的个人主页，这样就可以轻松地把它变成你每日生活的一部分。如果过多的纸质日程表已经让你应接不暇，或者你不想再使用白板，使用 Hatchedit 可以成为你管理日常生活的好方法。

一站式购物可以把你家里的每个人都组织起来。通过 Cozi 你可以与家庭成员分享任务清单或者需要在不同商店购买的物品。它还会和你的日程表同步更新，这样你就能知道每个人需要去的地方。不同的颜色代表不同的家庭成员。Cozi 甚至还有一个日志，你可以在上面和家人分享照片以及想法。另一个很棒的功能是通过发送邮件或者设置一个月度简报，你可以和非 Cozi 用户分享你的日志。这是一个和家人进行分享的好方法。

接受你内心的"汤姆·索耶"

正如我在第 7 章《学会外包任务：不必万事亲力亲为，让他人助你一臂之力》中提到的，我会把不需要亲自做的任务外包出去，这样我就可以集中精力去做别的事情——就像汤姆·索耶和他的刷漆工作一样。现在有很多非常不错的应用程序和服务来帮你处理不想做的待办事项。

Path Talk（以前叫 TalkTo）是一款可以让你给美国任何一家企业发消息或者咨询问题的应用程序，你不用再把时间浪费在与客服沟通、在商店寻找一双鞋子，或者修改预约这些事情上。你可以非常方便地用它来预订座位、查询一件商品是否还有货、了解一家商店的营业时间、比较价格等等。最快的时候，我的需求在 5 分钟内就得到了回复。我最喜欢它的一点就是我在任何时候都可以提出需求，然后也不用记得我提出过需求。即使你是在半夜想起来一个问题，你也可以发送给 Path Talk，当商店或者餐厅开门营业时，你的问题就会得到解决。

自从网站 FancyHands.com 成立以来，我就是 Fancy Hands 的忠实粉丝。它就好比是你指尖上的个人助理一样。只要支付一定的费用，你每个月就可以将一定量的任务分配出去——这些任务可以是寻找罗马最好的餐厅、预约去机场的用车服务，或者在纽约市找一位吉他老师，以及任何通过电话或者电脑就能完成的任务。他们不会帮你去干洗店取洗好的衣服，但是他们可以找到一家提供此类服务的最好的服务商来帮你完成这件事。

TaskRabbit 是另一个我喜欢的服务商。这款应用程序及其网站可以联系你所在社区的人来帮你去超市采购、派送一件给你母亲的生日礼物，甚至帮你组装家具。在这上面接订单的人会对你的任务订单给出报价，并且你可以查看他们之前完成任务后得到的评价。我曾经用它来记录电话采访、建立博客文章清单以及派送礼物。

我和实习生一起管理我的博客时开始使用 Asana。它既有网站也有应用程序，由 Facebook 员工设计，旨在提升公司的工作效率。我和实习生都喜欢 Asana，是因为它能让我们少发电子邮件，并且让我们不会因为忙碌而遗忘任何事情。你可以与同一个团队同时处理多个项目，还可以在每个项目中创建具体的任务，同时你可以轻松地给不同的团队成员分配不同的任务。手机上的应用程序还有提醒功能，让你知道需要在什么时候完成某项任务。此外，在家里也可以使用它——永远地和家务任务表说再见吧！有了 Asana，你不必费任何口舌就能知道每个人都在做什么。这项服务对于 15 人以下的团队是免费的。

你梦想成为什么样的人，就能成为什么样的人

作为钟爱愿望清单、愿景板以及注重感恩的人，我认为如果你没有预先设想，是无法将任何积极的事情付诸行动的。是的，有一些数字化解决方案可以帮助你更加积极地生活。

通过 MyLifeList.org 这个网站，你可以轻松地分享你的梦想和目标。你只需要把所有想要完成的事情写下来，然后回答几个问题来帮助你实现这个目标。这个线上平台会和其他人分享你的

目标，这些人有的会讲述自己的过往经历，有的和你有着相同的梦想。想象一下，你可以认识和你一样想去印度练习瑜伽的人是一件多好的事情。这是一个很好的激励你前行的网站，让你更有动力完成自己的目标。

如果你曾经做过纸质的愿景板，你就知道制作过程中需要你动手组装一些东西。但是电子版的愿景板就简单多了，DreamItAlive.com 这个网站可以让你滚屏浏览几百张图片来获取灵感，然后把选中的图片附在你的目标上。直到我看到家常版意大利面可以让别人吃得如此开心，我才意识到我特别想要做这道菜。这个网站还有社群功能，你可以在社群中与他人互帮互助。这是一个很棒的动力来源！你甚至可以对别人的目标给予资助，也可以为实现自己的目标寻求帮助。

我可以不知不觉地在 Pinterest.com 这个网站上浏览好几个小时。如果你还没有试过这个网站，我建议你试一下。输入任何你感兴趣的东西，例如"访问中国"，各种好点子就会显示出来。用你的志向来制作自己的愿景板，并时常予以回顾。

HappyTapper.com 的感恩日志是用一份感恩清单来结束你的一天，这是多么美好的一种方式。一开始你会觉得这有点像完成任务，但是一旦你领略它的奥秘之后，就会觉得它非常治愈。想想所有你想感谢的事情——无论大事还是小事。比如，让我觉得感恩的事情可以是安静的办公室、和我丈夫吵架后又和好的云雨之欢、百吉饼、免费的午餐、充满智慧的交谈，或者是在公园散步等等。任何能让你微笑的事情都应该被记录到日志里，而且有研究表明感恩会让你变得更快乐。

数字化对比纸质化

如果你还是对采用数字化方法犹豫不决，以下有几种解决方案可以既能够满足你手写清单的需求，又能满足你对数字化方法的好奇：

Livescribe 公司制作了多款带有摄像头的钢笔，因此你还是可以像平时书写那样来记笔记和列清单，但是你所写的内容同时也会以数字化的方式被记录下来。问题就是你需要用他们特制的纸张来书写笔记。这一点是有点烦人，不过这项技术确实非常酷，并且值得一试。你的笔记会与和钢笔配套的应用程序同步更新，你还可以把笔记导出并存到印象笔记里。

Boogie Board 这种液晶手写板非常适合所有年龄段的清单爱好者。它们还可以与印象笔记和社交媒体平台同步更新，便于分享你的成果。想想所有那些你可以手写以及记录的涂鸦、清单和图表，如果你总是因为找不到笔记而被吐槽，那使用这种电子版的手写笔记对你来说就是一个很好的解决方案。而且这种在液晶手写板上手写笔记的方式不仅环保，还能把它们转换成电子版本来使用。

一次只学一种技术

我真心希望这些解决方案能够鼓励你采用数字化的方式。不过有一点要提醒你：慢慢来。你应该也不想让你和科技的联结太快断开。卡莉·诺布洛克说："一次只做一件事的方法会帮助你获得自信，养成习惯；相反，试图让所有事情同步进行，并且全部完成，然后改变你的整个生活和所有方式方法是不切实际的。那种方法是行不通的，反而会使你丧失自信。"

祝你可以愉快地使用数字化方式来列清单！

最后的清单

好啦，现在你已经对清单有了一个全面的了解。那现在还有什么要说的呢？嗯，当然是还有一份清单！

1. 尽管开始列清单。万事开头难，我喜欢建议人们从愿望清单开始尝试。你比任何人都了解你自己，所以在不用考虑金钱、时间以及责任的前提下，写下所有你想做的事情。

2. 找到适合你的方法。在初始阶段，这一点总是不太容易做到。但相信我，这么做是值得的。多尝试一些不同的笔记本、应用程序、铅笔、钢笔等等，总能找到最适合你的那一套方式方法。

3. 不要有压力。尽可能多列内容还是少列内容，听从你内心的声音就好。

4. 欢迎访问我的网站：ListProducer.com，以获取列清单的灵感。

5. 我已经准备好一套工具来帮你迈出列清单的第一步。欢迎登录 https://listproducer.com/ListfulThinkingGuide/ 查看详情并免费下载。

6. 如果你有任何问题，或者遇到进退两难的困境，抑或只是想
和我打个招呼，都可以通过邮件联系我：paula@listproducer.com。

清单索引

　　该索引包含了我之前在书中提到过的诸多清单。我希望你可以把它们当成一个参考并且在此基础上制作出符合你个人情况的清单。想要查看更多此类清单，欢迎访问我的网站：ListProducer.com。

找房备忘录

　　我的清单制作之旅就是始于这份备忘录，所以我认为它非常适合分享给你们所有人。你可以根据实际情况对它做出调整，但是在你踏进未来可能会成为你住所的房子前，做好这项准备真的能为你带来不少帮助。

找房清单	
地址（如果可以，加上楼层）：	
联系人：	
卧室数量：	
房屋面积：	
租金：	

找房清单	
最近的地铁站：	
安全情况：	
洗衣设施：	
洗碗机：	
租期：	
可入住日期：	
门卫：	
空调：	
水、电、气等公共服务：	
停车位：	
物业管理：	
衣柜数量：	
地毯或木地板：	
重新粉刷：	
网线安装：	
宠物：	
户外空间：	
视野：	

旅行结婚行李清单

媒体器材

✓ 手机及其充电器

✓ 数码相机、电池、存储卡

✓ iPod/MP3 播放器及耳机

✓ 电子书阅读器

✓ 旅行指南（一本或多本）

药品

✓ 消炎药膏

✓ 抗腹泻药物

✓ 创可贴

✓ 避孕药

✓ 驱虫剂

✓ 一副备用眼镜

✓ 1% 氢化可的松止痒霜

✓ 润滑油

✓ 止痛药

✓ 处方药

✓ 防晕船手环或者晕船药（如果有邮轮行程）

钱财与文件

✓ 名片

✓ 现金

✓ 驾照

✓ 急救电话

✓ 行程表

- ✓ 结婚证
- ✓ 纸质机票或者电子版机票
- ✓ 护照
- ✓ 充值电话卡
- ✓ 婚礼签到表或宾客花名册
- ✓ 欢迎礼包所需物品

其他杂物

- ✓ 抗菌凝胶
- ✓ 棉签
- ✓ 钥匙
- ✓ 粘尘滚刷
- ✓ 按摩精油
- ✓ 塑料密封袋
- ✓ 扑克牌
- ✓ 墨镜
- ✓ 防晒霜
- ✓ 雨伞
- ✓ 新郎 / 新娘礼物

男士物品

- ✓ 婚礼礼服

- ✓ 运动鞋或适合步行的鞋
- ✓ 腰带
- ✓ 四角内裤 / 三角内裤
- ✓ 休闲衬衫
- ✓ 正装衬衫
- ✓ 正式场合穿的鞋
- ✓ 帽子
- ✓ 裤子
- ✓ 睡衣 / 睡袍
- ✓ 凉鞋
- ✓ 短裤
- ✓ 运动夹克
- ✓ 泳衣
- ✓ 领带（一条或多条）
- ✓ T 恤 / 打底衫
- ✓ 健身服
- ✓ 男士洗漱用品
- ✓ 梳子 / 发刷
- ✓ 体香剂
- ✓ 牙线
- ✓ 唇膏
- ✓ 剃须用具 / 剃须膏

- ✓ 洗发水 / 护发素 / 定型产品
- ✓ 牙刷 / 牙膏 / 漱口水

女士用品

- ✓ 婚礼礼服
- ✓ 其他衣服及配饰
- ✓ 泳衣（一套或多套）
- ✓ 文胸
- ✓ 裤子
- ✓ 贴身内衣裤
- ✓ 珠宝首饰——耳环、项链、手镯
- ✓ 连衣裙
- ✓ 高跟鞋
- ✓ 罩衫 / 纱笼 / 大围巾
- ✓ 睡袍
- ✓ 凉鞋
- ✓ 短裤 / 紧身裤
- ✓ 裙子（一条或多条）
- ✓ 休闲裤
- ✓ 运动鞋或适合步行的鞋
- ✓ 袜子
- ✓ 时尚衬衫

- ✓ 毛衣

- ✓ 草帽或宽边帽

- ✓ 吊带衣 / 挂脖吊带衣 / 细带吊带衣

- ✓ 丁字裤

- ✓ 健身服

其他物品

- ✓ 婴儿爽身粉

- ✓ 吹风机 / 直发直板夹

- ✓ 梳子 / 发刷

- ✓ 化妆盒 / 彩妆包

- ✓ 体香剂

- ✓ 足部除臭剂(实际上是为了最大限度防止脚被凉鞋磨伤)

- ✓ 化妆箱

- ✓ 卸妆乳

- ✓ 洗面奶

- ✓ 带防晒功能的保湿霜

- ✓ 卫生棉条

- ✓ 眼线笔

- ✓ 牙刷 / 牙膏 / 漱口水

- ✓ 牙线

- ✓ 洗发露 / 护发素 / 定型产品

- ✓ 头绳

- ✓ 眉夹

- ✓ 耳环

- ✓ 头饰

- ✓ 头纱

- ✓ 婚鞋

旅行时的必备物品

　　无论你做了多少计划，旅行时多少还是会有些压力，但是我找到了一些有用的技巧和窍门来应对这一点。我和之前提到过的朋友妮科尔一起去过很多地方旅行，我们一起合作列出了这份旅行必备清单。

应用程序

- ✓ **Busuu**（你在国外时，可以用它来翻译一些简单的短语）

- ✓ **The Layover**（如果你旅行的地方恰好适用，可以用它来查询安东尼·伯尔顿最喜欢的地点）

- ✓ **Trip Advisor**（你在旅途中需要临时决定吃什么时，可以用它来查看餐厅评价）

- ✓ **New Pilates**（适用于没有健身房的酒店，在酒店房间内即可锻炼）

- ✓ **Compass**（便于你实时确认行进方向）

- ✓ **Weather Channel**（提前在应用程序中添加你的目的地，

这样你就能避免雨天出行）

- ✓ Evernote（用于记录你所有的行程安排、攻略、路线规划等等）
- ✓ TripIt（用来记录你所有预订的确认码，并且可以按时间顺序来进行查看）
- ✓ Next Issue（可以用来在 iPad 上保存你最喜欢看的杂志，这样你就不用带纸质书了）
- ✓ PressReader（通过阅读你最喜欢的报纸来关注各地的新闻大事）

衣服和饰品

- ✓ 坐飞机时可以当毯子用的羊绒披肩
- ✓ 一双适合步行和打包的 Tieks 品牌的鞋
- ✓ 轻便的防水夹克
- ✓ 便于晚上出门用的手包
- ✓ 小型雨伞
- ✓ 在酒店里和飞机上穿的拖鞋
- ✓ 收纳功能强大的斜挎包
- ✓ 在飞机上使用的眼罩

电子产品

- ✓ 耳机分线器（便于两个人看电影时用）
- ✓ 耳机

✓ 带键盘的 iPad 或者其他平板电脑

其他物品

✓ 真空收纳袋

✓ 颜色鲜艳的行李牌

✓ 旅行枕

✓ 甜菊代糖饮品

✓ 一支铅笔，一个小型笔记本（用来记录各种推荐或者路线规划）

✓ 迷你消毒喷雾剂，用于给酒店的电话、遥控器等物品消毒

✓ 一个单独的收纳袋，用来装穿过的脏衣服

✓ 几个塑料袋（你永远不知道什么时候就会用到它们）

洗漱用品

✓ 消毒湿巾（要带独立包装的那种）

✓ 迷你便携喷雾（便于在旅途飞行中保持皮肤湿润）

✓ 不同颜色的迷你润唇膏

✓ 小瓶装滚珠香水

✓ 防磨脚喷剂（一种迷你足部除臭剂，同时也能保护你的脚不被磨伤）

6 种不用花钱就能让别人感到快乐的方式

以下是一份行动清单，你可以通过这些免费的方法让别人拥

有更美好的一天。

1. 微笑。这是非常简单的一个动作。无论何时，当我要和别人交流，我都会先微笑。有时候可能会显得有点刻意，但是我一直坚持这样做。我在熟食店点餐或者进入有门卫的大楼时，都会对帮助我的人微笑。那一瞬间，我会看到他们的脸上也洋溢着笑容。

2. 接过那份传单。如果你和我一样住在纽约，就会知道人们在街上发优惠券和传单是多么令人讨厌的一件事。不过我已经开始慢慢接受这种恼人的情况了。当下一次有人把传单发到你面前的时候，接过那份传单。没有人喜欢被拒绝。那个人也只是在打工而已，而你只需要顺手拿着那份传单就能让那个人的工作多完成一点。你可以等走到下个街角再把它扔掉，或者也许你会发现其实传单上的信息对你来说是有用的。

3. 送一张字条。如今人们已经不经常送贺卡了。我是个十足的"文具控"，所以喜欢各种各样的纸。给别人送一张个性化的手写纸条来打个招呼吧。与收到一份账单不同，收到一张让人快乐的字条会让接收人感到精神愉悦。你也可以在便签纸上写下一句暖心的话语，然后把它贴在镜子或者电脑显示器上。

4. 倾听。有些时候，人们只是想有人可以听到自己的心声。我知道这会帮你成为一个与众不同的朋友。你不用非要给出一个解决方案，有时候最好的解决方案就是倾听别人的心声。

5. 说"谢谢"。有人对你提供了帮助，无论是在商店、餐厅还是在街上，记得说"谢谢"，而且要发自内心地表达谢意。换言之，该感谢时要感谢。人们都喜欢得到积极的回应。

6. 分享。借给别人你最喜欢看的书，分享你最喜欢的饼干制作教程，发一封有可爱狗狗照片的邮件，讲一个有趣的故事或者笑话。传播快乐可以是一件很简单的事情，从你喜欢的事情开始做起。这不就是奥普拉在节目中分享"奥普拉心爱之物"的初衷吗？

鸣　谢

我深爱之人：

杰伊·伯曼（Jay Berman）

奥尔佳·里佐（Olga Rizzo）

路易斯·里佐（Louis Rizzo）

我的老师：

凯茜·克雷恩（Cathy Krein）

布伦达·奈特（Brenda Knight）

丽塔·罗森克兰茨（Rita Rosenkranz）

贝丝·格罗斯曼（Beth Grossman）

曼尼·阿尔瓦雷斯（Manny Alvarez）

我的闺蜜：

特丽·特雷斯皮西奥（Terri Trespicio）

妮科尔·费尔德曼（Nicole Feldman）

莉萨·洛加洛·查维斯（Lisa Logallo Chavez）

妮科尔·迈泽尔巴赫（Nicole Meiselbach）

卡罗琳·莱莉（Carolyn Reilly）

米歇尔·莱莉（Michele Reilly）

珍妮弗·沃尔什（Jennifer Walsh）

杰茜卡·马尔维希尔（Jessica Mulvihill）

莎伦·黑兹里格（Sharon Hazelrigg）

我的"头脑风暴智囊团／写作之友"：

珍·露西娅妮（Jene Luciani）

埃米莉·莱博特（Emily Leibert）

埃丽卡·卡茨（Erika Katz）

达茜·罗恩（Darcie Rowan）

玛丽·伦格尔（Mary Lengle）

沙伊扎·沙米姆（Shaiza Shamim）

我的清单与品酒聚会组（My Lists and Libations Meetup Group）

帮我完成这本书的实习生们：

凯拉·埃尔曼（Kayla Ellman）

马修·豪普特曼（Matthew Hauptman）

奥德拉·马丁（Audra Martin）

伊莎贝尔·麦卡洛（Isabel McCullough）

妮科尔·鲁耶·吉利特（Nicole Rouyer Guillet）

凯特琳·斯科特（Caitlin Scott）

埃琳·斯科特（Erin Scott）

我的消遣清单：

《黄金女郎》（*The Golden Girls*）

《极简》杂志（*Real Simple*）

网飞

潘多拉电台

来自 Papyrus、KnockKnockStuff.com 和 Kate's Paperie 的精美笔记本

灰皮诺

我的灵感来源：

奥普拉·温弗瑞（Oprah Winfrey）

巴巴拉·沃尔特斯（Barbara Walters）

保罗·T. 里佐（Paul T. Rizzo），我的爷爷，他当了 25 年的装订工，是他教会我要热爱和尊重书籍。